# 中国海洋经济统计年鉴

# CHINA MARINE ECONOMIC
# STATISTICAL YEARBOOK

# 2021

自然资源部　编

Edited by
Ministry of Natural Resources of
the People's Republic of China

海洋出版社
**China Ocean Press**

**图书在版编目（CIP）数据**

中国海洋经济统计年鉴.2021：汉文、英文/自然
资源部编. —北京：海洋出版社，2022.9
　ISBN 978-7-5210-0973-6

　Ⅰ.①中…　Ⅱ.①自…　Ⅲ.①海洋经济-统计资料-
中国-2021-年鉴-汉、英　Ⅳ.①P74-54

　中国版本图书馆 CIP 数据核字（2022）第 111914 号

中国海洋经济统计年鉴2021
ZHONGGUO HAIYANG JINGJI TONGJI NIANJIAN 2021

责任编辑：王　溪
责任印制：安　森

海洋出版社　出版发行

http://www.oceanpress.com.cn
北京市海淀区大慧寺路 8 号　邮编：100081
北京顶佳世纪印刷有限公司印刷　新华书店北京发行所经销
2022 年 9 月第 1 版　2022 年 9 月第 1 次印刷
开本：787mm×1092mm　1/16　印张：17
字数：430 千字　定价：168.00 元
发行部：010-62100090　邮购部：010-62100072　总编室：010-62100034
海洋版图书印、装错误可随时退换

| 高明兴 | 天津市规划和自然资源局 |
| 张淑云 | 河北省自然资源厅（海洋局） |
| 王文国 | 辽宁省自然资源厅 |
| 金宏松 | 上海市海洋局 |
| 李如海 | 江苏省自然资源厅 |
| 张　佳 | 浙江省自然资源厅 |
| 邱章泉 | 福建省海洋与渔业局 |
| 张建东 | 山东省海洋局 |
| 屈家树 | 广东省自然资源厅 |
| 蒋和生 | 广西壮族自治区海洋局 |
| 潘　骏 | 海南省自然资源和规划厅 |
| 王帅章 | 大连市自然资源局 |
| 戚春良 | 宁波市自然资源和规划局 |
| 曾东生 | 厦门市海洋发展局 |
| 戚永战 | 青岛市海洋发展局 |
| 高尔剑 | 深圳市海洋渔业局 |

| | |
|---|---|
| 林　琳 | 国家林业和草原局 |
| 石显耀 | 中国地质调查局 |
| 杨金璐 | 天津市规划和自然资源局 |
| 徐　萍 | 河北省自然资源厅（海洋局） |
| 黄　淼 | 河北省自然资源利用规划院 |
| 魏　南 | 辽宁省自然资源厅 |
| 聂鸿鹏 | 辽宁省海洋预警监测中心 |
| 陈卫国 | 上海市海洋局 |
| 张　呈 | 上海市海洋管理事务中心 |
| 王均柏 | 江苏省自然资源厅 |
| 顾云娟 | 江苏省海洋经济监测评估中心 |
| 丁欢新 | 浙江省自然资源厅 |
| 赖　瑛 | 浙江省海洋科学院 |
| 欧龚炜 | 福建省海洋经济运行监测与评估中心 |
| 孙兆胜 | 山东省海洋局 |
| 黄国锐 | 广东省自然资源厅 |
| 姚　琴 | 广东省海洋发展规划研究中心 |
| 李　婷 | 广西壮族自治区海洋局 |
| 吴尔江 | 广西壮族自治区海洋研究院经济所 |
| 崔林鹏 | 海南省自然资源和规划厅 |
| 戚浩然 | 大连市自然资源局 |
| 朱志海 | 宁波市自然资源和规划局 |
| 林瑞才 | 厦门市海洋发展局 |
| 徐　璐 | 青岛市海洋发展局 |
| 叶仁敏 | 深圳市海洋渔业局 |
| 孔祥勤 | 深圳市海洋发展研究促进中心 |

**执行编辑：**
　张潇娴
**英文校订：**
　林宝法

| | |
|---|---|
| Gao Mingxing | Tianjin Municipal Bureau of Planning and Natural Resources |
| Zhang Shuyun | Department of Natural Resources of Hebei Province (Oceanic Administration) |
| Wang Wenguo | Department of Natural Resources of Liaoning Province |
| Jin Hongsong | Shanghai Oceanic Administration |
| Li Ruhai | Jiangsu Provincial Department of Natural Resources |
| Zhang Jia | Department of Natural Resources of Zhejiang Province |
| Qiu Zhangquan | Fujian Provincial Department of Ocean and Fisheries |
| Zhang Jiandong | Oceanic Administration of Shandong Province |
| Qu Jiashu | Department of Natural Resources of Guangdong Province |
| Jiang Hesheng | Oceanic Administration of Guangxi Zhuang Autonomous Region |
| Pan Jun | Department of Natural Resources and Planning of Hainan Province |
| Wang Shuaizhang | Dalian Bureau of Natural Resources |
| Qi Chunliang | Ningbo Bureau of Natural Resources and Planning |
| Zeng Dongsheng | Xiamen Municipal Bureau of Ocean Development |
| Qi Yongzhan | Qingdao Municipal Marine Development Bureau |
| Gao Erjian | Shenzhen Municipal Ocean and Fisheries Bureau |

# Editorial Department of
# China Marine Economic Statistical Yearbook

**Director of Editorial Department:**

Cui Xiaojian — National Marine Data and Information Service

**Deputy Director of Editorial Department:**

Duan Xiaofeng — Division of Marine Economy Research, National Marine Data and Information Service

Song Weiling — Division of Marine Economy Research, National Marine Data and Information Service

**Editorial Staff:**

Zhang Xiaoxian   Su Lin   Zhang Xianli   Zhao Jingli   Zhou Hongjun   Yang Yang   Peng Xing   Dong Yang   Zhang Qiqi   Liang Chen   Li Linlin   Liu Yuxi   Wang Yue   Zhao Xinyu   Li Changru   Fu Ruiquan (National Marine Data and Information Service)

Su Yu   Wang Nan   Qi Shuhua (Information Center of Ministry of Natural Resources)

Zhang Lun   Liu Yang   Li Dongfa   Lin Cunyan   Gao Zhengqi   Xing Jianyong   Gu Na (Ministry of Natural Resources)

**Specially Invited Editorial Staff:**

| | |
|---|---|
| Li Yanli | Ministry of Education |
| Zhu Yingchun | Ministry of Science and Technology |
| Han Xiaocheng | Ministry of Ecology and Environment |
| Wang Guangmin | Ministry of Transport |
| Liu Jin | Ministry of Water Resources |
| Gao Hongquan | National Fisheries Technology Extension Center, China Society of Fisheries |
| Dai Bin | China Tourism Academy (Data Center of the Ministry of Culture and Tourism) |
| Sun Chenggong | China Earthquake Administration |
| Shen Gang | Chinese Academy of Sciences |
| Chen Yanyan | China Meteorological Administration |
| Wang Yubo | China State Shipbuilding Corporation Limited |
| Luo Dayong | China National Petroleum Corporation |
| Sun Yan | China Petrochemical Corporation |
| Hao Jinghui | China National Offshore Oil Corporation |
| Zheng Yiming | China Association of the National Shipbuilding Industry |
| He Jieying | Chinese Wind Energy Association |
| Lin Lin | National Forestry and Grassland Administration |

# 编 者 说 明

一、《中国海洋经济统计年鉴 2021》系统收录了全国和沿海区域 2020 年开发、利用和保护海洋的各类产业活动，以及与之相关联的活动的统计数据和社会经济概况数据，是一部全面反映中国海洋经济发展有关情况的资料性年鉴，全书为中英文对照。

二、本年鉴所涉及的沿海区域包括沿海地区、沿海城市和沿海地带，按《沿海行政区域分类与代码》(HY/T 094—2006) 的顺序排列。

三、本年鉴内容包括综合资料、海洋经济核算、主要海洋产业活动、主要海洋产业生产能力、海洋科学技术、海洋教育、海洋生态环境与防灾减灾、海洋行政管理及公益服务、全国及沿海社会经济和部分世界海洋经济统计资料 10 部分。

四、本年鉴资料主要根据《海洋经济统计调查制度》和《海洋生产总值核算制度》（国统制〔2020〕49 号），来源于各级自然资源（海洋）主管部门及同级统计部门和相关行业主管部门、国务院有关涉海部门、重点涉海企业。部分国际国内社会经济统计数据来源于公开资料，均在表下方注释说明。

五、本年鉴中除特殊说明外，所有价值量指标均为当年价。年鉴中每部分附有主要统计指标解释，对指标的含义、统计范围和统计方法做了简要说明。统计数据中的其他说明置于表的下方；有续表的资料，如有注释均置于第一张表的下方。

六、本年鉴中涉及的历史数据，均以本年鉴出版的最新数据为准；本年鉴中部分数据合计数或相对数由于单位取舍不同而产生的计算误差，均未做机械调整。

七、本年鉴表格中符号使用说明："空格"表示该项统计指标数据不详或无该项数据；"…"表示该项统计指数据不足表中最小单位数；"#"表示其中的主要项；其他符号如"*"或"①"等表示本表后面有注释。

八、本年鉴资料国内部分未包括香港特别行政区、澳门特别行政区和台湾省数据。

九、《中国海洋经济统计年鉴 2021》在编撰过程中，得到了各有关单位的大力支持，在此表示衷心的感谢。本年鉴中如有疏漏和不妥之处，敬请读者批评指正。

《中国海洋经济统计年鉴》编辑部

# Editor's Notes

I. The *China Marine Economic Statistical Yearbook* (*2021*), which has systematically included the statistical data on the national and coastal area's various industrial activities of developing, utilizing and protecting the ocean and the activities related thereto, as well as the data on the general situation of society and economy in 2020, is a data almanac reflecting in an all-round way China's marine economic development, and it is a Chinese-English bilingual edition.

II. The coastal areas covered by the Yearbook are the coastal regions, coastal cities and coastal zones, which are arranged in order according to the *Coastal Administrative Areas Classification and Codes* (HY/T 094—2006).

III. The data in the Yearbook consist of 10 sections, namely, integrated data, marine economic accounting, major marine industrial activities, production capacity of major marine industries, marine science and technology, marine education, marine ecological environment and disaster mitigation, marine administration and public-good service, national and coastal socioeconomy, and part of the world's marine economic statistics data.

IV. Mainly based on the *Marine Economic Statistics Survey System* and the *Gross Ocean Product Accounting System* (Guotongzhi〔2020〕No. 49), the data of the Yearbook come from the departments in charge of natural resources (maritime administration) at various levels and the statistical bureaus at the same levels, as well as the relevant industry administrative departments, relevant maritime departments under the State Council, and key ocean-related enterprises. Part of the international and domestic socioeconimic statistic data are from the public data and illustrated in the notes below the tables.

V. Unless otherwise specified in the Yearbook, all the value indicators are given at the current price. Each section is attached by explanatory notes to the major marine statistical indicators, giving a brief explanation of the meaning, statistical range and statistical methods of the indicators. Other notes to the statistical data are listed below the tables. For the data with continued tables, annotations, if any, are put below the first table.

VI. All the historical data covered in the Yearbook are subject to the latest data published in the Yearbook; For part of the data in the Yearbook, the calculation errors on totals or relative figures due to the difference in the unit trade-offs have not been adjusted.

VII. The usage of symbols in the tables: "Blank" indicates that the data of the statistical index are unknown for the time being or that there are no such data available; "…" indicates that the data of the statistical index are not large enough to be measured even with the smallest unit in the table; "#" indicates the major items of the table; Other symbols, such as "∗" or "①", indicate "see footnotes below".

VIII. The domestic part of the Yearbook does not include the data from Hong Kong Special Administrative Region, Macao Special Administrative Region and Taiwan Province.

IX. In the course of editing the *China Marine Economic Statistical Yearbook (2021)*, we enjoyed energetic support from the various departments concerned and we hereby extend our heartfelt thanks to them. Criticisms and comments are welcome from readers on the oversights and inappropriateness, if any, in the Yearbook.

Editorial Department of the
China Marine Economic Statistical Yearbook

# 2020年海洋经济主要统计指标
## Main Statistical Indicators of Marine Economy in 2020

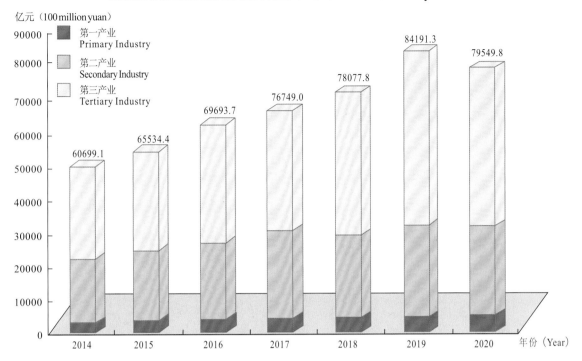

亿元（100 million yuan）

- 第一产业 Primary Industry
- 第二产业 Secondary Industry
- 第三产业 Tertiary Industry

| | 2014 | 2015 | 2016 | 2017 | 2018 | 2019 | 2020 |
|---|---|---|---|---|---|---|---|
| | 60699.1 | 65534.4 | 69693.7 | 76749.0 | 78077.8 | 84191.3 | 79549.8 |

年份（Year）

图 1 全国海洋生产总值及三次产业构成

National Gross Ocean Product and Three Industries Composition

滨海旅游业46.0%
Coastal Tourism

海洋渔业16.3%
Marine Fishery Industry

海洋交通运输业20.4%
Maritime Communications
and Transportation Industry

海洋船舶工业4.0%
Marine Shipbuilding
Industry

海洋矿业0.6%
Marine Mining Industry

海水利用业0.1%
Marine Seawater
Utilization Industry

海洋盐业0.1%
Sea Salt Industry

海洋电力业0.8%
Marine Electric
Power Industry

海洋油气业3.9%
Offshore Oil and Natural Gas
Industry

海洋工程建筑业4.4%
Marine Engineering
Architecture Industry

海洋化工业1.8%
Marine Chemical
Industry

海洋生物医药业1.4%
Marine Biomedicine
Industry

图 2 2020年全国主要海洋产业增加值构成

Composition of Added Values of National Major Marine Industries in 2020

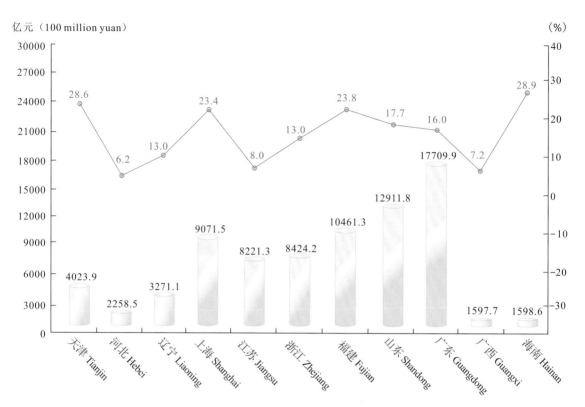

**图 3 2020年沿海地区海洋生产总值**
Gross Ocean Product by Coastal Regions in 2020

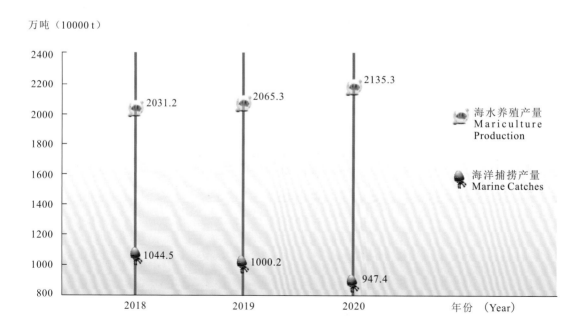

**图 4 全国海洋捕捞和海水养殖产量**
National Marine Catches and Mariculture Production

万吨（10000 t）

图 5　2020年沿海地区海洋捕捞和海水养殖产量

Marine Catches and Mariculture Production by Coastal Regions in 2020

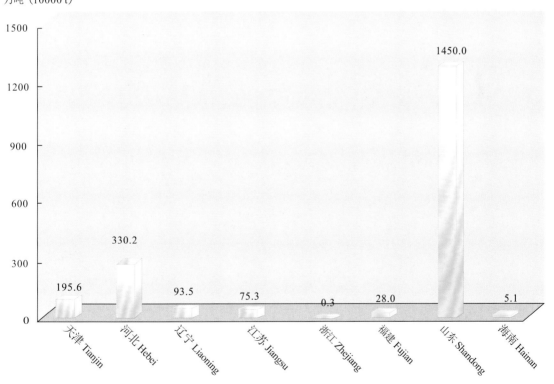

万吨（10000 t）

图 6　2020年沿海地区海盐产量

Sea Salt Production by Coastal Regions in 2020

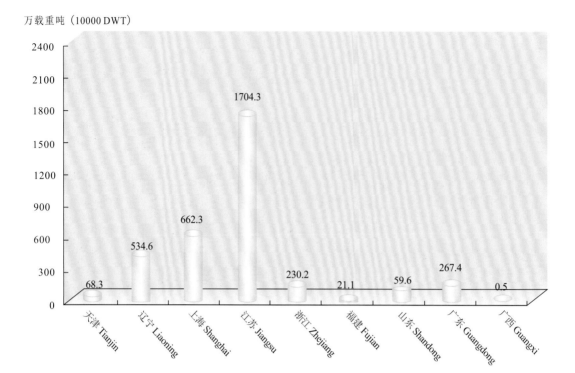

万载重吨（10000 DWT）

**图 7　2020年沿海地区海洋造船完工量**

Completed Quantity of Marine Shipbuilding by Coastal Regions in 2020

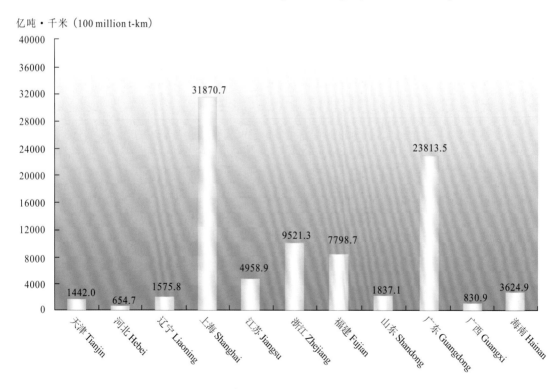

亿吨·千米（100 million t-km）

**图 8　2020年沿海地区海洋货物周转量**

Maritime Goods Turnover Volume by Coastal Regions in 2020

万标准箱（10000 TEU）

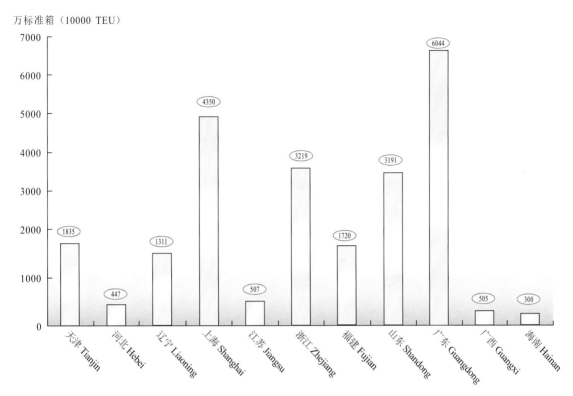

图 9 2020年沿海港口国际标准集装箱吞吐量
International Standardized Containers Handled by Coastal Seaports in 2020

万人次（10000 person-times）

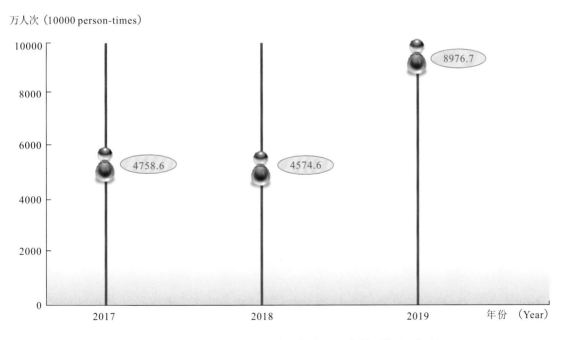

图 10 主要沿海城市接待入境旅游者人数
Number of Inbound Tourists Received by Major Coastal Cities

亿元（100 million yuan）

图 11  2020年北部、东部、南部海洋经济圈地区生产总值与海洋生产总值

GDP and GOP in the Northern Marine Economic Circle,Eastern Marine Economic Circle and Southern Marine Economic Circle in 2020

图 12  2020年北部、东部、南部海洋经济圈
海洋生产总值占全国海洋生产总值比重

Proportion of the GOP of the Northern Marine Economic Circle,Eastern Marine Economic Circle and Southern Marine Economic Circle in the National GOP in 2020

# 目　次
# CONTENTS

## 3　主要海洋产业活动
**Major Marine Industrial Activities**

## 4 主要海洋产业生产能力

**Production Capacity of Major Marine Industries**

# 5　海洋科学技术

**Marine Science and Technology**

## 6 海洋教育

**Marine Education**

# 9 全国及沿海社会经济

**National and Coastal Socioeconomy**

## 10 世界海洋经济统计资料（部分）
**World's Marine Economic Statistics Data (Part)**

# 1

# 综 合 资 料

## Integrated Data

# 1-1 沿海地区行政区划（2020年）
# Administrative Division of Coastal Regions (2020)

单位：个 （unit)

| 沿海地区<br>Coastal Region | 沿海城市<br>Coastal City | 沿海地带<br>Coastal County (District) | | | |
|---|---|---|---|---|---|
| | | 合　计<br>Total | 县<br>County | 县级市<br>County-level<br>City | 区<br>District |
| 合　计<br>**Total** | **53** | **217** | **49** | **47** | **121** |
| 天　津<br>Tianjin | 1 | 1 | 0 | 0 | 1 |
| 河　北<br>Hebei | 3 | 11 | 4 | 1 | 6 |
| 辽　宁<br>Liaoning | 6 | 22 | 3 | 6 | 13 |
| 上　海<br>Shanghai | 1 | 5 | 0 | 0 | 5 |
| 江　苏<br>Jiangsu | 3 | 15 | 6 | 3 | 6 |
| 浙　江<br>Zhejiang | 5 | 28 | 8 | 9 | 11 |
| 福　建<br>Fujian | 6 | 33 | 11 | 7 | 15 |
| 山　东<br>Shandong | 7 | 34 | 3 | 10 | 21 |
| 广　东<br>Guangdong | 14 | 42 | 8 | 6 | 28 |
| 广　西<br>Guangxi | 3 | 8 | 1 | 1 | 6 |
| 海　南<br>Hainan | 4 | 18 | 5 | 4 | 9 |

注： 沿海地带中未包括广东省的东莞、中山和海南省的儋州。

Note: The coastal zone does not include Dongguan and Zhongshan of Guangdong Province, and Danzhou of Hainan Province.

# 1-2 沿海行政区划一览表（2020年）
# Table of Administrative Division of Coastal Regions (2020)

| 沿海地区<br>Coastal Region | 地区代码<br>Zip Code | 沿海城市<br>Coastal City | 地区代码<br>Zip Code | 沿海地带<br>Coastal County (District) | 地区代码<br>Zip Code |
|---|---|---|---|---|---|
| 天 津<br>Tianjin | 120000 | | | 滨海新区 Binhai Xinqu | 120116 |
| 河 北<br>Hebei | 130000 | 唐山 Tangshan | 130200 | 丰南区 Fengnan Qu | 130207 |
| | | | | 曹妃甸区 Caofeidian Qu | 130209 |
| | | | | 滦南县 Luannan Xian | 130224 |
| | | | | 乐亭县 Laoting Xian | 130225 |
| | | 秦皇岛 Qinhuangdao | 130300 | 海港区 Haigang Qu | 130302 |
| | | | | 山海关区 Shanhaiguan Qu | 130303 |
| | | | | 北戴河区 Beidaihe Qu | 130304 |
| | | | | 抚宁区 Funing Qu | 130306 |
| | | | | 昌黎县 Changli Xian | 130322 |
| | | 沧州 Cangzhou | 130900 | 海兴县 Haixing Xian | 130924 |
| | | | | 黄骅市 Huanghua Shi | 130983 |
| 辽 宁<br>Liaoning | 210000 | 大连 Dalian | 210200 | 中山区 Zhongshan Qu | 210202 |
| | | | | 西岗区 Xigang Qu | 210203 |
| | | | | 沙河口区 Shahekou Qu | 210204 |
| | | | | 甘井子区 Ganjingzi Qu | 210211 |
| | | | | 旅顺口区 Lüshunkou Qu | 210212 |
| | | | | 金州区 Jinzhou Qu | 210213 |
| | | | | 普兰店区 Pulandian Qu | 210214 |
| | | | | 长海县 Changhai Xian | 210224 |
| | | | | 瓦房店市 Wafangdian Shi | 210281 |
| | | | | 庄河市 Zhuanghe Shi | 210283 |
| | | 丹东 Dandong | 210600 | 振兴区 Zhenxing Qu | 210603 |
| | | | | 东港市 Donggang Shi | 210681 |
| | | 锦州 Jinzhou | 210700 | 凌海市 Linghai Shi | 210781 |
| | | 营口 Yingkou | 210800 | 鲅鱼圈区 Bayuquan Qu | 210804 |
| | | | | 老边区 Laobian Qu | 210811 |
| | | | | 盖州市 Gaizhou Shi | 210881 |
| | | 盘锦 Panjin | 211100 | 大洼区 Dawa Qu | 211104 |
| | | | | 盘山县 Panshan Xian | 211122 |

| 沿海地区<br>Coastal Region | 地区代码<br>Zip Code | 沿海城市<br>Coastal City | 地区代码<br>Zip Code | 沿海地带<br>Coastal County<br>(District) | 地区代码<br>Zip Code |
|---|---|---|---|---|---|
| | | 葫芦岛 Huludao | 211400 | 连山区 Lianshan Qu | 211402 |
| | | | | 龙港区 Longgang Qu | 211403 |
| | | | | 绥中县 Suizhong Xian | 211421 |
| | | | | 兴城市 Xingcheng Shi | 211481 |
| 上 海<br>Shanghai | 310000 | | | 宝山区 Baoshan Qu | 310113 |
| | | | | 浦东新区 Pudong Xinqu | 310115 |
| | | | | 金山区 Jinshan Qu | 310116 |
| | | | | 奉贤区 Fengxian Qu | 310120 |
| | | | | 崇明区 Chongming Qu | 310151 |
| 江 苏<br>Jiangsu | 320000 | 南通 Nantong | 320600 | 通州区 Tongzhou Qu | 320612 |
| | | | | 海门区 Haimen Qu | 320614 |
| | | | | 如东县 Rudong Xian | 320623 |
| | | | | 启东市 Qidong Shi | 320681 |
| | | | | 海安市 Hai'an Shi | 320685 |
| | | 连云港 Lianyungang | 320700 | 连云区 Lianyun Qu | 320703 |
| | | | | 赣榆区 Ganyu Qu | 320707 |
| | | | | 灌云县 Guanyun Xian | 320723 |
| | | | | 灌南县 Guannan Xian | 320724 |
| | | 盐城 Yancheng | 320900 | 亭湖区 Tinghu Qu | 320902 |
| | | | | 大丰区 Dafeng Qu | 320904 |
| | | | | 响水县 Xiangshui Xian | 320921 |
| | | | | 滨海县 Binhai Xian | 320922 |
| | | | | 射阳县 Sheyang Xian | 320924 |
| | | | | 东台市 Dongtai Shi | 320981 |
| 浙 江<br>Zhejiang | 330000 | 宁波 Ningbo | 330200 | 北仑区 Beilun Qu | 330206 |
| | | | | 镇海区 Zhenhai Qu | 330211 |
| | | | | 鄞州区 Yinzhou Qu | 330212 |
| | | | | 奉化区 Fenghua Qu | 330213 |
| | | | | 象山县 Xiangshan Xian | 330225 |
| | | | | 宁海县 Ninghai Xian | 330226 |
| | | | | 余姚市 Yuyao Shi | 330281 |
| | | | | 慈溪市 Cixi Shi | 330282 |

| 沿海地区<br>Coastal Region | 地区代码<br>Zip Code | 沿海城市<br>Coastal City | 地区代码<br>Zip Code | 沿海地带<br>Coastal County<br>(District) | 地区代码<br>Zip Code |
|---|---|---|---|---|---|
| | | 温州　Wenzhou | 330300 | 鹿城区Lucheng Qu | 330302 |
| | | | | 龙湾区Longwan Qu | 330303 |
| | | | | 洞头区Dongtou Qu | 330305 |
| | | | | 平阳县Pingyang Xian | 330326 |
| | | | | 苍南县Cangnan Xian | 330327 |
| | | | | 瑞安市Rui'an Shi | 330381 |
| | | | | 乐清市Yueqing Shi | 330382 |
| | | | | 龙港市 Longgang Shi | 330383 |
| | | 嘉兴　Jiaxing | 330400 | 海盐县Haiyan Xian | 330424 |
| | | | | 平湖市Pinghu Shi | 330482 |
| | | 舟山　Zhoushan | 330900 | 定海区Dinghai Qu | 330902 |
| | | | | 普陀区Putuo Qu | 330903 |
| | | | | 岱山县Daishan Xian | 330921 |
| | | | | 嵊泗县Shengsi Xian | 330922 |
| | | 台州　Taizhou | 331000 | 椒江区Jiaojiang Qu | 331002 |
| | | | | 路桥区Luqiao Qu | 331004 |
| | | | | 三门县Sanmen Xian | 331022 |
| | | | | 温岭市Wenling Shi | 331081 |
| | | | | 临海市Linhai Shi | 331082 |
| | | | | 玉环市Yuhuan Shi | 331083 |
| 福　建<br>Fujian | 350000 | 福州　Fuzhou | 350100 | 马尾区Mawei Qu | 350105 |
| | | | | 长乐区Changle Qu | 350112 |
| | | | | 连江县Lianjiang Xian | 350122 |
| | | | | 罗源县Luoyuan Xian | 350123 |
| | | | | 平潭县Pingtan Xian | 350128 |
| | | | | 福清市Fuqing Shi | 350181 |
| | | 厦门　Xiamen | 350200 | 思明区Siming Qu | 350203 |
| | | | | 海沧区Haicang Qu | 350205 |

| 沿海地区<br>Coastal Region | 地区代码<br>Zip Code | 沿海城市<br>Coastal City | 地区代码<br>Zip Code | 沿海地带<br>Coastal County<br>(District) | 地区代码<br>Zip Code |
|---|---|---|---|---|---|
| | | | | 湖里区 Huli Qu | 350206 |
| | | | | 集美区 Jimei Qu | 350211 |
| | | | | 同安区 Tong'an Qu | 350212 |
| | | | | 翔安区 Xiang'an Qu | 350213 |
| | | 莆田 Putian | 350300 | 城厢区 Chengxiang Qu | 350302 |
| | | | | 涵江区 Hanjiang Qu | 350303 |
| | | | | 荔城区 Licheng Qu | 350304 |
| | | | | 秀屿区 Xiuyu Qu | 350305 |
| | | | | 仙游县 Xianyou Xian | 350322 |
| | | 泉州 Quanzhou | 350500 | 丰泽区 Fengze Qu | 350503 |
| | | | | 泉港区 Quangang Qu | 350505 |
| | | | | 惠安县 Hui'an Xian | 350521 |
| | | | | 金门县 Jinmen Xian | 350527 |
| | | | | 石狮市 Shishi Shi | 350581 |
| | | | | 晋江市 Jinjiang Shi | 350582 |
| | | | | 南安市 Nan'an Shi | 350583 |
| | | 漳州 Zhangzhou | 350600 | 云霄县 Yunxiao Xian | 350622 |
| | | | | 漳浦县 Zhangpu Xian | 350623 |
| | | | | 诏安县 Zhao'an Xian | 350624 |
| | | | | 东山县 Dongshan Xian | 350626 |
| | | | | 龙海市 Longhai Shi | 350681 |
| | | 宁德 Ningde | 350900 | 蕉城区 Jiaocheng Qu | 350902 |
| | | | | 霞浦县 Xiapu Xian | 350921 |
| | | | | 福安市 Fu'an Shi | 350981 |
| | | | | 福鼎市 Fuding Shi | 350982 |
| 山　东<br>Shandong | 370000 | 青岛 Qingdao | 370200 | 市南区 Shinan Qu | 370202 |
| | | | | 市北区 Shibei Qu | 370203 |
| | | | | 黄岛区 Huangdao Qu | 370211 |
| | | | | 崂山区 Laoshan Qu | 370212 |
| | | | | 李沧区 Licang Qu | 370213 |
| | | | | 城阳区 Chengyang Qu | 370214 |
| | | | | 即墨区 Jimo Qu | 370215 |
| | | | | 胶州市 Jiaozhou Shi | 370281 |

| 沿海地区<br>Coastal<br>Region | 地区代码<br>Zip Code | 沿海城市<br>Coastal City | 地区代码<br>Zip Code | 沿海地带<br>Coastal County<br>(District) | 地区代码<br>Zip Code |
|---|---|---|---|---|---|
| | | 东营 Dongying | 370500 | 东营区 Dongying Qu | 370502 |
| | | | | 河口区 Hekou Qu | 370503 |
| | | | | 垦利区 Kenli Qu | 370505 |
| | | | | 利津县 Lijin Xian | 370522 |
| | | | | 广饶县 Guangrao Xian | 370523 |
| | | 烟台 Yantai | 370600 | 芝罘区 Zhifu Qu | 370602 |
| | | | | 福山区 Fushan Qu | 370611 |
| | | | | 牟平区 Muping Qu | 370612 |
| | | | | 莱山区 Laishan Qu | 370613 |
| | | | | 蓬莱区 Penglai Qu | 370614 |
| | | | | 龙口市 Longkou Shi | 370681 |
| | | | | 莱阳市 Laiyang Shi | 370682 |
| | | | | 莱州市 Laizhou Shi | 370683 |
| | | | | 招远市 Zhaoyuan Shi | 370685 |
| | | | | 海阳市 Haiyang Shi | 370687 |
| | | 潍坊 Weifang | 370700 | 寒亭区 Hanting Qu | 370703 |
| | | | | 寿光市 Shouguang Shi | 370783 |
| | | | | 昌邑市 Changyi Shi | 370786 |
| | | 威海 Weihai | 371000 | 环翠区 Huancui Qu | 371002 |
| | | | | 文登区 Wendeng Qu | 371003 |
| | | | | 荣成市 Rongcheng Shi | 371082 |
| | | | | 乳山市 Rushan Shi | 371083 |
| | | 日照 Rizhao | 371100 | 东港区 Donggang Qu | 371102 |
| | | | | 岚山区 Lanshan Qu | 371103 |
| | | 滨州 Binzhou | 371600 | 沾化区 Zhanhua Qu | 371603 |
| | | | | 无棣县 Wudi Xian | 371623 |
| 广 东<br>Guangdong | 440000 | 广州 Guangzhou | 440100 | 黄埔区 Huangpu Qu | 440112 |
| | | | | 番禺区 Panyu Qu | 440113 |
| | | | | 南沙区 Nansha Qu | 440115 |

| 沿海地区<br>Coastal Region | 地区代码<br>Zip Code | 沿海城市<br>Coastal City | 地区代码<br>Zip Code | 沿海地带<br>Coastal County<br>(District) | 地区代码<br>Zip Code |
|---|---|---|---|---|---|
| | | 深圳 Shenzhen | 440300 | 福田区 Futian Qu | 440304 |
| | | | | 南山区 Nanshan Qu | 440305 |
| | | | | 宝安区 Bao'an Qu | 440306 |
| | | | | 龙岗区 Longgang Qu | 440307 |
| | | | | 盐田区 Yantian Qu | 440308 |
| | | 珠海 Zhuhai | 440400 | 香洲区 Xiangzhou Qu | 440402 |
| | | | | 斗门区 Doumen Qu | 440403 |
| | | | | 金湾区 Jinwan Qu | 440404 |
| | | 汕头 Shantou | 440500 | 龙湖区 Longhu Qu | 440507 |
| | | | | 金平区 Jinping Qu | 440511 |
| | | | | 濠江区 Haojiang Qu | 440512 |
| | | | | 潮阳区 Chaoyang Qu | 440513 |
| | | | | 潮南区 Chaonan Qu | 440514 |
| | | | | 澄海区 Chenghai Qu | 440515 |
| | | | | 南澳县 Nan'ao Xian | 440523 |
| | | 江门 Jiangmen | 440700 | 新会区 Xinhui Qu | 440705 |
| | | | | 台山市 Taishan Shi | 440781 |
| | | | | 恩平市 Enping Shi | 440785 |
| | | 湛江 Zhanjiang | 440800 | 赤坎区 Chikan Qu | 440802 |
| | | | | 霞山区 Xiashan Qu | 440803 |
| | | | | 坡头区 Potou Qu | 440804 |
| | | | | 麻章区 Mazhang Qu | 440811 |
| | | | | 遂溪县 Suixi Xian | 440823 |
| | | | | 徐闻县 Xuwen Xian | 440825 |
| | | | | 廉江市 Lianjiang Shi | 440881 |
| | | | | 雷州市 Leizhou Shi | 440882 |
| | | | | 吴川市 Wuchuan Shi | 440883 |
| | | 茂名 Maoming | 440900 | 电白区 Dianbai Qu | 440904 |
| | | 惠州 Huizhou | 441300 | 惠阳区 Huiyang Qu | 441303 |
| | | | | 惠东县 Huidong Xian | 441323 |
| | | 汕尾 Shanwei | 441500 | 城　区 Chengqu | 441502 |
| | | | | 海丰县 Haifeng Xian | 441521 |
| | | | | 陆丰市 Lufeng Shi | 441581 |

| 沿海地区<br>Coastal Region | 地区代码<br>Zip Code | 沿海城市<br>Coastal City | 地区代码<br>Zip Code | 沿海地带<br>Coastal County (District) | 地区代码<br>Zip Code |
|---|---|---|---|---|---|
| | | 阳江 Yangjiang | 441700 | 江城区Jiangcheng Qu | 441702 |
| | | | | 阳东区Yangdong Qu | 441704 |
| | | | | 阳西县Yangxi Xian | 441721 |
| | | 东莞 Dongguan | 441900 | | |
| | | 中山 Zhongshan | 442000 | | |
| | | 潮州 Chaozhou | 445100 | 饶平县Raoping Xian | 445122 |
| | | 揭阳 Jieyang | 445200 | 榕城区Rongcheng Qu | 445202 |
| | | | | 惠来县Huilai Xian | 445224 |
| 广 西<br>Guangxi | 450000 | 北海 Beihai | 450500 | 海城区Haicheng Qu | 450502 |
| | | | | 银海区Yinhai Qu | 450503 |
| | | | | 铁山港区Tieshangang Qu | 450512 |
| | | | | 合浦县Hepu Xian | 450521 |
| | | 防城港 Fangchenggang | 450600 | 港口区Gangkou Qu | 450602 |
| | | | | 防城区Fangcheng Qu | 450603 |
| | | | | 东兴市Dongxing Shi | 450681 |
| | | 钦州 Qinzhou | 450700 | 钦南区Qinnan Qu | 450702 |
| 海 南<br>Hainan | 460000 | 海口 Haikou | 460100 | 秀英区Xiuying Qu | 460105 |
| | | | | 龙华区Longhua Qu | 460106 |
| | | | | 美兰区Meilan Qu | 460108 |
| | | 三亚 Sanya | 460200 | 海棠区Haitang Qu | 460202 |
| | | | | 吉阳区Jiyang Qu | 460203 |
| | | | | 天涯区Tianya Qu | 460204 |
| | | | | 崖州区Yazhou Qu | 460205 |
| | | 三沙 Sansha | 460300 | 西沙区 Xisha Qu | |
| | | | | 南沙区Nansha Qu | |
| | | 儋州 Danzhou | 460400 | | |
| | | 省直辖县<br>Counties Directly Under the Hainan Province Government | 469000 | 琼海市Qionghai Shi | 469002 |
| | | | | 文昌市Wenchang Shi | 469005 |
| | | | | 万宁市Wanning Shi | 469006 |
| | | | | 东方市Dongfang Shi | 469007 |
| | | | | 澄迈县Chengmai Xian | 469023 |
| | | | | 临高县Lingao Xian | 469024 |
| | | | | 昌江黎族自治县<br>Changjiang Lizu Zizhixian | 469026 |
| | | | | 乐东黎族自治县Ledong Lizu Zizhixian | 469027 |
| | | | | 陵水黎族自治县Lingshui Lizu Zizhixian | 469028 |

# 1-3 海洋资源情况
## Marine Resources

| 指　标 | Item | 指标值<br>Data |
|---|---|---|
| 海岸线总长度（万千米） | Total Length of Coastline (10000 km) | 约3.2<br>About 3.2 |
| 大陆岸线长度 | Length of Continental Coastline | 约1.8<br>About 1.8 |
| 岛屿岸线长度 | Length of Insular Coastline | 约1.4<br>About 1.4 |
| 海岛数量（个） | Number of Islands (unit) | 11000余<br>More than 11000 |
| 有居民海岛数量 | Number of Inhabited Islands | 489 |

# 1-4 沿海地区水资源情况（2020年）
## Water Resources by Coastal Regions (2020)

| 地 区<br>Region | 水资源总量<br>（亿立方米）<br>Total Water Resources<br>(100 million m³) | 地表<br>水资源量<br>Surface Water Resources | 地下<br>水资源量<br>Groundwater Resources | 地表水与地下<br>水资源重复量<br>Overlapped Measurement Between Surface Water and Groundwater | 人均水资源量<br>（立方米/人）<br>Per Capita Water Resources<br>(m³/person) |
|---|---|---|---|---|---|
| 全国总计<br>**National Total** | **31605.2** | **30407.0** | **8553.5** | **7355.3** | **2239.8** |
| 天 津<br>Tianjin | 13.3 | 8.6 | 5.8 | 1.1 | 96.0 |
| 河 北<br>Hebei | 146.3 | 55.7 | 130.3 | 39.7 | 196.2 |
| 辽 宁<br>Liaoning | 397.1 | 357.7 | 115.2 | 75.8 | 930.8 |
| 上 海<br>Shanghai | 58.6 | 49.9 | 11.6 | 2.9 | 235.9 |
| 江 苏<br>Jiangsu | 543.4 | 486.6 | 137.8 | 81.0 | 641.3 |
| 浙 江<br>Zhejiang | 1026.6 | 1008.8 | 224.4 | 206.6 | 1598.7 |
| 福 建<br>Fujian | 760.3 | 759.0 | 243.5 | 242.2 | 1832.5 |
| 山 东<br>Shandong | 375.3 | 259.8 | 201.8 | 86.3 | 370.3 |
| 广 东<br>Guangdong | 1626.0 | 1616.3 | 399.1 | 389.4 | 1294.9 |
| 广 西<br>Guangxi | 2114.8 | 2113.7 | 445.4 | 444.3 | 4229.2 |
| 海 南<br>Hainan | 263.6 | 260.6 | 74.6 | 71.6 | 2626.8 |

注：数据来源于《中国统计年鉴2021》。

Note: The data come from the *China Statistical Yearbook 2021.*

# 1-5 主要沿海城市气候基本情况（2020年）
## Climate of Major Coastal Cities (2020)

| 城　市<br>City | 年平均气温<br>（摄氏度）<br>Annual Average<br>Temperature<br>(℃) | 年平均相对湿度<br>（%）<br>Annual Average<br>Relative Humidity<br>(%) | 全年降水量<br>（毫米）<br>Annual<br>Precipitation<br>(mm) | 全年日照时数<br>（小时）<br>Annual Sunshine<br>Hours<br>(h) |
|---|---|---|---|---|
| 天　津<br>Tianjin | 13.8 | 59 | 704.5 | 2566.1 |
| 大　连<br>Dalian | 12.0 | 63 | 852.6 | 2400.2 |
| 上　海<br>Shanghai | 17.8 | 75 | 1555.0 | 1829.9 |
| 杭　州<br>Hangzhou | 18.3 | 73 | 1665.4 | 1607.8 |
| 福　州<br>Fuzhou | 21.5 | 73 | 1210.5 | 1662.4 |
| 青　岛<br>Qingdao | 13.9 | 70 | 1095.9 | 2606.4 |
| 广　州<br>Guangzhou | 22.7 | 79 | 1890.3 | 1641.7 |
| 海　口<br>Haikou | 25.3 | 80 | 1218.9 | 1742.2 |

注：数据来源于《中国统计年鉴2021》。

Note: The data come from the *China Statistical Yearbook 2021*.

# 主要统计指标解释

1. **沿海地区**　是指有海岸线（大陆岸线和岛屿岸线）的地区，按行政区划分为沿海省、自治区、直辖市。

2. **沿海城市**　是指有海岸线的直辖市和地级市（包括其下属的全部区、县和县级市）。

3. **沿海地带**　是指有海岸线的县、县级市、区（包括直辖市和地级市的区）。

4. **海洋**　是海和洋的统称。洋为地球表面上相连接的广大咸水水体的主体部分。海为地球表面相连接的广大咸水水体被陆地、岛礁、半岛包围或分隔的边缘部分。

5. **水资源总量**　指当地降水形成的地表和地下产水总量，即地表径流量与降水入渗补给量之和。

6. **地表水资源量**　指河流、湖泊以及冰川等地表水体中可以逐年更新的动态水量，即天然河川径流量。

7. **地下水资源量**　指地下饱和含水层逐年更新的动态水量，即降水和地表水入渗对地下水的补给量。

8. **地表水与地下水资源重复量**　指地表水和地下水相互转化的部分，即天然河川径流量中的地下水排泄量和地下水补给量中来源于地表水的入渗补给量。

9. **湿地**　指陆地和水域的交汇处，水位接近或处于地表面，或有浅层积水，且处于自然状态的土地。

10. **沿海滩涂**　指沿海大潮高潮位与低潮位之间的潮浸地带，包括海岛的滩涂，不包括已利用的滩涂。

11. **红树林地**　指沿海生长红树植物的土地，包括红树林苗圃。

12. **平均气温**　指空气的温度，我国一般以摄氏度为单位表示。气象观测的温度表是放在离地面约1.5米处通风良好的百叶箱里测量的，因此，通常说的气温指的是离地面1.5米处百叶箱中的温度。计算方法：月平均气温是将全月各日的平均气温相加，除以该月的天数而得。年平均气温是将12个月的月平均气温累加后除以12而得。

13. **平均相对湿度**　指空气中实际水气压与当时气温下的饱和水气压之比。其统计方法与气温相同。

14. **降水量**　指从天空降落到地面的液态或固态(经融化后)水，未经蒸发、渗透、流失而在地面上积聚的深度。计算方法：月降水量是将全月各日的降水量累加而得。年降水量是将12个月的月降水量累加而得。

15. **日照时数**　指太阳实际照射地面的时数，通常以小时为单位表示。其统计方法与降水量相同。

# Explanatory Notes on Main Statistical Indicators

**1. Coastal Region**   refers to the regions with coastlines (continental and island coastlines), which are divided into the coastal provinces, autonomous regions and municipalities directly under the Central Government according to the administrative zoning.

**2. Coastal City**   refers to the municipalities directly under the Central Government and the prefecture-level cities (including all the districts, counties and county-level cities under them).

**3. Coastal County (District)**   refers to the counties, county-level cities and districts with coastlines (including the districts under the municipalities directly under the Central Government and the prefecture-level districts).

**4. Ocean**   is the general name for sea and ocean. Ocean refers to the main body of large salt water connected with the earth surface. Sea refers to the edge areas of the salt water on the earth surface that are compartmentalized or surrounded by land, island, reef or peninsula.

**5. Total Water Resources**   refers to total volume of surface water and groundwater which is from the local precipitation and is measured as the summation of run-off for surface water and recharge of groundwater from local precipitation.

**6. Surface Water Resources**   refers to total volume of year renewable water flow which exist in rivers, lakes, glaciers and other surface water, and that measured as the natural run-off of rivers.

**7. Groundwater Resources**   refers to total volume of yearly renewable water flow which exist in saturation aquifers of groundwater, and are measured as recharge of groundwater from local precipitation and surface water.

**8. Overlapped Measurement between Surface Water and Groundwater**   refers to the part of mutual transfer between surface water and groundwater, i.e. which is the run-off of rivers includes some depletion into groundwater while groundwater includes recharge from surface water.

**9. Wetland**   refers to the land at the intersection of land and water, where the water level is close to or on the ground surface or there is shallow ponding, and which is in a natural state.

**10. Coastal Tidal Flat**   refers to the tidal zone between the high tide level and low tide level of coastal spring tide, including the tidal flat of island, but not the used tidal flat.

**11. Mangrove Land**   refers to the land where mangrove plants grow along the coast, including mangrove nurseries.

**12. Average Temperature**   refers to the average air temperature on a regular basis. China uses centigrade as the unit. The thermometry used for weather observation is put in a breezy shutter, which is 1.5 meters high from the ground. Therefore, the commonly used temperature refers to the temperature in the breezy shutter 1.5 meters away from the ground. The calculation method is as follows:

Monthly average temperature is the summation of average daily temperature of one month divided by the actual days of that particular month.

Annual average temperature is the summation of monthly average of a year divided by 12 months.

**13. Average Relative Humidity**   refers to the ratio of actual water vapour pressure to the saturation water vapour pressure under the current temperature. The calculation method is the same as that of temperature.

**14. Volume of Precipitation**   refers to the deepness of liquid state or solid state (thawed) water falling from atmosphere reaching to the Earth's surface that has not been evaporated, percolate or run off. The calculation method is as follows:

Monthly precipitation is the summation of daily precipitation of a month.

Annual precipitation is the summation of 12 months precipitation of a year.

**15. Sunshine Hours**   refer to the actual hours of sun irradiating the earth, usually expressed in hours. The calculation method is the same as that of the precipitation.

# 2

# 海洋经济核算
## Marine Economic Accounting

# 2-1 全国海洋生产总值
## National Gross Ocean Product

| 年 份<br>Year | 海洋生产总值<br>（亿元）<br>Gross Ocean<br>Product<br>(100 million yuan) | 第一产业<br>Primary<br>Industry | 第二产业<br>Secondary<br>Industry | 第三产业<br>Tertiary<br>Industry | 海洋生产总值<br>占国内生产总值<br>比重<br>（%）<br>Proportion of the<br>Gross Ocean<br>Product in GDP<br>(%) | 海洋生产总值<br>增长速度<br>（可比价计算）<br>（%）<br>Growth Rate of<br>the Gross Ocean<br>Product<br>(Calculated at<br>Comparable<br>Prices)<br>(%) |
|------|------|------|------|------|------|------|
| 2001 | 9518.4 | 646.3 | 4152.1 | 4720.1 | 8.59 | |
| 2002 | 11270.5 | 730.0 | 4866.2 | 5674.3 | 9.26 | 19.8 |
| 2003 | 11952.3 | 766.2 | 5367.6 | 5818.5 | 8.70 | 4.2 |
| 2004 | 14662.0 | 851.0 | 6662.8 | 7148.2 | 9.06 | 16.9 |
| 2005 | 17655.6 | 1008.9 | 8046.9 | 8599.8 | 9.43 | 16.3 |
| 2006 | 21592.4 | 1228.8 | 10217.8 | 10145.7 | 9.84 | 18.0 |
| 2007 | 25618.7 | 1395.4 | 12011.0 | 12212.3 | 9.49 | 14.8 |
| 2008 | 29718.0 | 1694.3 | 13735.3 | 14288.4 | 9.31 | 9.9 |
| 2009 | 32161.9 | 1857.7 | 14926.5 | 15377.6 | 9.23 | 8.8 |
| 2010 | 39619.2 | 2008.0 | 18919.6 | 18691.6 | 9.61 | 15.3 |
| 2011 | 45580.4 | 2381.9 | 21667.6 | 21530.8 | 9.34 | 10.0 |
| 2012 | 50172.9 | 2670.6 | 23450.2 | 24052.1 | 9.32 | 8.1 |
| 2013 | 54718.3 | 3037.7 | 24608.9 | 27071.7 | 9.23 | 7.8 |
| 2014 | 60699.1 | 3109.5 | 26660.0 | 30929.6 | 9.43 | 7.9 |
| 2015 | 65534.4 | 3327.7 | 27671.9 | 34534.8 | 9.51 | 7.0 |
| 2016 | 69693.7 | 3570.9 | 27666.6 | 38456.2 | 9.34 | 6.7 |
| 2017 | 76749.0 | 3628.1 | 28951.9 | 44169.0 | 9.22 | 6.9 |
| 2018 | 78077.8 | 3842.7 | 26854.0 | 47381.1 | 8.49 | — |
| 2019 | 84191.3 | 3833.1 | 28020.1 | 52338.1 | 8.53 | 6.3 |
| 2020 | 79549.8 | 4133.5 | 26226.4 | 49190.0 | 7.85 | -5.2 |

注：2018年数据基于第四次经济普查数据调整修订，2019年数据为再次修订数据，2020年为初步核实
数据（本部分其他表同）。

Note:The data of 2018 are adjusted and revised based on the data of the Fourth National Economic Census,
the data of 2019 are revised again and the data of 2020 are preliminarily verified.
The same applies to the other tables in Part 2.

# 2-2 全国海洋生产总值构成
## Composition of National Gross Ocean Product

单位：% (%)

| 年 份<br>Year | 第一产业<br>Primary Industry | 第二产业<br>Secondary Industry | 第三产业<br>Tertiary Industry |
|---|---|---|---|
| 2001 | 6.8 | 43.6 | 49.6 |
| 2002 | 6.5 | 43.2 | 50.3 |
| 2003 | 6.4 | 44.9 | 48.7 |
| 2004 | 5.8 | 45.4 | 48.8 |
| 2005 | 5.7 | 45.6 | 48.7 |
| 2006 | 5.7 | 47.3 | 47.0 |
| 2007 | 5.4 | 46.9 | 47.7 |
| 2008 | 5.7 | 46.2 | 48.1 |
| 2009 | 5.8 | 46.4 | 47.8 |
| 2010 | 5.1 | 47.8 | 47.2 |
| 2011 | 5.2 | 47.5 | 47.2 |
| 2012 | 5.3 | 46.7 | 47.9 |
| 2013 | 5.6 | 45.0 | 49.5 |
| 2014 | 5.1 | 43.9 | 51.0 |
| 2015 | 5.1 | 42.2 | 52.7 |
| 2016 | 5.1 | 39.7 | 55.2 |
| 2017 | 4.7 | 37.7 | 57.5 |
| 2018 | 4.9 | 34.4 | 60.7 |
| 2019 | 4.6 | 33.3 | 62.2 |
| 2020 | 5.2 | 33.0 | 61.8 |

# 2-3 全国海洋及相关产业增加值
## Added Values of Marine and Related Industries

单位：亿元             (100 million yuan)

| 年 份 Year | 合 计 Total | 海洋产业 Marine Industry | 主要海洋产业 Major Marine Industry | 海洋科研教育管理服务业 Marine Scientific Research, Education, Management and Service | 海洋相关产业 Ocean-related Industries |
|---|---|---|---|---|---|
| 2001 | 9518.4 | 5733.6 | 3856.6 | 1877.0 | 3784.8 |
| 2002 | 11270.5 | 6787.3 | 4696.8 | 2090.5 | 4483.2 |
| 2003 | 11952.3 | 7137.7 | 4754.4 | 2383.3 | 4814.6 |
| 2004 | 14662.0 | 8710.1 | 5827.7 | 2882.5 | 5951.9 |
| 2005 | 17655.6 | 10539.0 | 7188.0 | 3350.9 | 7116.6 |
| 2006 | 21592.4 | 12696.7 | 8790.4 | 3906.4 | 8895.6 |
| 2007 | 25618.7 | 15070.6 | 10478.3 | 4592.3 | 10548.0 |
| 2008 | 29718.0 | 17591.2 | 12176.0 | 5415.2 | 12126.8 |
| 2009 | 32161.9 | 18769.4 | 12768.4 | 6001.0 | 13392.5 |
| 2010 | 39619.2 | 22886.4 | 16187.8 | 6698.5 | 16732.8 |
| 2011 | 45580.4 | 26517.6 | 18865.2 | 7652.4 | 19062.8 |
| 2012 | 50172.9 | 29404.6 | 20829.9 | 8574.8 | 20768.2 |
| 2013 | 54718.3 | 32658.7 | 22462.3 | 10196.4 | 22059.6 |
| 2014 | 60699.1 | 36364.9 | 25303.4 | 11061.5 | 24334.1 |
| 2015 | 65534.4 | 39554.9 | 26838.8 | 12716.0 | 25979.5 |
| 2016 | 69693.7 | 43013.0 | 28391.9 | 14621.1 | 26680.6 |
| 2017 | 76749.0 | 48327.3 | 31122.5 | 17204.8 | 28421.8 |
| 2018 | 78077.8 | 50538.8 | 31228.6 | 19310.2 | 27539.0 |
| 2019 | 84191.3 | 55148.5 | 33427.5 | 21721.0 | 29042.9 |
| 2020 | 79549.8 | 52644.6 | 29317.3 | 23327.3 | 26905.3 |

# 2-4 全国海洋及相关产业增加值构成
# Composition of the Added Values of Marine and Related Industries

单位：% (%)

| 年 份<br>Year | 合 计<br>Total | 海洋产业<br>Marine<br>Industry | 主要海洋产业<br>Major Marine<br>Industry | 海洋科研教育管理服务业<br>Marine Scientific<br>Research, Education,<br>Management and Service | 海洋相关产业<br>Ocean-related<br>Industries |
|---|---|---|---|---|---|
| 2001 | 100.0 | 60.2 | 40.5 | 19.7 | 39.8 |
| 2002 | 100.0 | 60.2 | 41.7 | 18.5 | 39.8 |
| 2003 | 100.0 | 59.7 | 39.8 | 19.9 | 40.3 |
| 2004 | 100.0 | 59.4 | 39.7 | 19.7 | 40.6 |
| 2005 | 100.0 | 59.7 | 40.7 | 19.0 | 40.3 |
| 2006 | 100.0 | 58.8 | 40.7 | 18.1 | 41.2 |
| 2007 | 100.0 | 58.8 | 40.9 | 17.9 | 41.2 |
| 2008 | 100.0 | 59.2 | 41.0 | 18.2 | 40.8 |
| 2009 | 100.0 | 58.4 | 39.7 | 18.7 | 41.6 |
| 2010 | 100.0 | 57.8 | 40.9 | 16.9 | 42.2 |
| 2011 | 100.0 | 58.2 | 41.4 | 16.8 | 41.8 |
| 2012 | 100.0 | 58.6 | 41.5 | 17.1 | 41.4 |
| 2013 | 100.0 | 59.7 | 41.1 | 18.6 | 40.3 |
| 2014 | 100.0 | 59.9 | 41.7 | 18.2 | 40.1 |
| 2015 | 100.0 | 60.4 | 41.0 | 19.4 | 39.6 |
| 2016 | 100.0 | 61.7 | 40.7 | 21.0 | 38.3 |
| 2017 | 100.0 | 63.0 | 40.6 | 22.4 | 37.0 |
| 2018 | 100.0 | 64.7 | 40.0 | 24.7 | 35.3 |
| 2019 | 100.0 | 65.5 | 39.7 | 25.8 | 34.5 |
| 2020 | 100.0 | 66.2 | 36.9 | 29.3 | 33.8 |

# 2-5 全国主要海洋产业增加值（2020年）
# Added Values of National Major Marine Industries (2020)

| 主要海洋产业<br>Major Marine Industry | 增加值<br>（亿元）<br>Added Value<br>(100 million yuan) | 比上年增长<br>（%）<br>（按可比价计算）<br>Percentage of Increase<br>over Last Year<br>(%)<br>(at comparable price) |
|---|---|---|
| 合　计<br>Total | **29317.3** | **- 11.4** |
| 海洋渔业<br>Marine Fishery Industry | 4787.7 | 4.6 |
| 海洋油气业<br>Offshore Oil and Natural Gas Industry | 1157.2 | 7.2 |
| 海洋矿业<br>Marine Mining Industry | 183.9 | - 2.2 |
| 海洋盐业<br>Sea Salt Industry | 33.5 | - 4.5 |
| 海洋船舶工业<br>Marine Shipbuilding Industry | 1179.5 | 4.0 |
| 海洋化工业<br>Marine Chemical Industry | 523.6 | 9.5 |
| 海洋生物医药业<br>Marine Biomedicine Industry | 418.1 | 7.2 |
| 海洋工程建筑业<br>Marine Engineering Architecture Industry | 1295.9 | 10.4 |
| 海洋电力业<br>Marine Electric Power Industry | 236.6 | 16.2 |
| 海水利用业<br>Seawater Utilization Industry | 20.2 | 7.2 |
| 海洋交通运输业<br>Marine Communications and Transportation Industry | 5988.8 | 7.9 |
| 滨海旅游业<br>Coastal Tourism | 13492.3 | - 27.0 |

# 2-6 海洋渔业增加值
## Added Value of Marine Fishery Industry

单位：亿元 (100 million yuan)

| 年　份<br>Year | 增加值<br>Added Value |
|---|---|
| 2001 | 966.0 |
| 2002 | 1091.2 |
| 2003 | 1145.0 |
| 2004 | 1271.2 |
| 2005 | 1507.6 |
| 2006 | 1672.0 |
| 2007 | 1906.0 |
| 2008 | 2228.6 |
| 2009 | 2440.8 |
| 2010 | 2851.6 |
| 2011 | 3202.9 |
| 2012 | 3560.5 |
| 2013 | 3997.6 |
| 2014 | 4126.6 |
| 2015 | 4317.4 |
| 2016 | 4615.4 |
| 2017 | 4700.7 |
| 2018 | 4608.3 |
| 2019 | 4648.0 |
| 2020 | 4787.7 |

# 2-7 海洋油气业增加值
## Added Value of Offshore Oil and Gas Industry

单位：亿元 (100 million yuan)

| 年　份<br>Year | 增加值<br>Added Value |
|---|---|
| 2001 | 176.8 |
| 2002 | 181.8 |
| 2003 | 257.0 |
| 2004 | 345.1 |
| 2005 | 528.2 |
| 2006 | 668.9 |
| 2007 | 666.9 |
| 2008 | 1020.5 |
| 2009 | 614.1 |
| 2010 | 1302.2 |
| 2011 | 1719.7 |
| 2012 | 1718.7 |
| 2013 | 1666.6 |
| 2014 | 1530.4 |
| 2015 | 981.9 |
| 2016 | 868.8 |
| 2017 | 1145.2 |
| 2018 | 1476.5 |
| 2019 | 1532.9 |
| 2020 | 1157.2 |

# 2-8 海洋矿业增加值
# Added Value of Marine Mining Industry

单位：亿元          (100 million yuan)

| 年 份<br>Year | 增加值<br>Added Value |
|---|---|
| 2001 | 1.0 |
| 2002 | 1.9 |
| 2003 | 3.1 |
| 2004 | 7.9 |
| 2005 | 8.3 |
| 2006 | 13.4 |
| 2007 | 16.3 |
| 2008 | 35.2 |
| 2009 | 41.6 |
| 2010 | 45.2 |
| 2011 | 53.3 |
| 2012 | 45.1 |
| 2013 | 54.0 |
| 2014 | 59.6 |
| 2015 | 63.9 |
| 2016 | 67.3 |
| 2017 | 65.2 |
| 2018 | 179.0 |
| 2019 | 185.3 |
| 2020 | 183.9 |

注：自2008年起，部分地区统计矿种增加。

Note: Since 2008, the data have included the added statistical kinds of minerals in some regions.

# 2-9 海洋盐业增加值
## Added Value of Marine Salt Industry

单位：亿元                                                    (100 million yuan)

| 年　份<br>Year | 增加值<br>Added Value |
|---|---|
| 2001 | 32.6 |
| 2002 | 34.2 |
| 2003 | 28.4 |
| 2004 | 39.0 |
| 2005 | 39.1 |
| 2006 | 37.1 |
| 2007 | 39.9 |
| 2008 | 43.6 |
| 2009 | 43.6 |
| 2010 | 65.5 |
| 2011 | 76.8 |
| 2012 | 60.1 |
| 2013 | 63.2 |
| 2014 | 68.3 |
| 2015 | 41.0 |
| 2016 | 38.9 |
| 2017 | 42.3 |
| 2018 | 36.7 |
| 2019 | 37.8 |
| 2020 | 33.5 |

# 2-10 海洋船舶工业增加值
## Added Value of Marine Shipbuilding Industry

单位：亿元 (100 million yuan)

| 年　份<br>Year | 增加值<br>Added Value |
|---|---|
| 2001 | 109.3 |
| 2002 | 117.4 |
| 2003 | 152.8 |
| 2004 | 204.1 |
| 2005 | 275.5 |
| 2006 | 339.5 |
| 2007 | 524.9 |
| 2008 | 742.6 |
| 2009 | 986.5 |
| 2010 | 1215.6 |
| 2011 | 1352.0 |
| 2012 | 1291.3 |
| 2013 | 1213.2 |
| 2014 | 1395.5 |
| 2015 | 1445.7 |
| 2016 | 1492.4 |
| 2017 | 1091.5 |
| 2018 | 1057.7 |
| 2019 | 1125.7 |
| 2020 | 1179.5 |

# 2-11 海洋化工业增加值
## Added Value of Marine Chemical Industry

单位：亿元 (100 million yuan)

| 年 份<br>Year | 增加值<br>Added Value |
|---|---|
| 2001 | 64.7 |
| 2002 | 77.1 |
| 2003 | 96.3 |
| 2004 | 151.5 |
| 2005 | 153.3 |
| 2006 | 440.4 |
| 2007 | 506.6 |
| 2008 | 416.8 |
| 2009 | 465.3 |
| 2010 | 613.8 |
| 2011 | 695.9 |
| 2012 | 843.0 |
| 2013 | 813.9 |
| 2014 | 920.0 |
| 2015 | 964.2 |
| 2016 | 961.8 |
| 2017 | 1021.0 |
| 2018 | 535.3 |
| 2019 | 508.2 |
| 2020 | 523.6 |

注：自2006年起，部分地区统计产品品种增加。
Note: Since 2006, the data have included the added statistical kinds of products in some regions.

# 2-12 海洋生物医药业增加值
# Added Value of Marine Biomedicine Industry

单位：亿元　　　　　　　　　　　　　　　　　　　　　　　　　　(100 million yuan)

| 年　份<br>Year | 增加值<br>Added Value |
|---|---|
| 2001 | 5.7 |
| 2002 | 13.2 |
| 2003 | 16.5 |
| 2004 | 19.0 |
| 2005 | 28.6 |
| 2006 | 34.8 |
| 2007 | 45.4 |
| 2008 | 56.6 |
| 2009 | 52.1 |
| 2010 | 83.8 |
| 2011 | 150.8 |
| 2012 | 184.7 |
| 2013 | 238.7 |
| 2014 | 258.1 |
| 2015 | 295.7 |
| 2016 | 341.3 |
| 2017 | 389.1 |
| 2018 | 376.7 |
| 2019 | 415.2 |
| 2020 | 418.1 |

# 2-13 海洋工程建筑业增加值
## Added Value of Marine Engineering Architecture Industry

单位：亿元 (100 million yuan)

| 年　份<br>Year | 增加值<br>Added Value |
|---|---|
| 2001 | 109.2 |
| 2002 | 145.4 |
| 2003 | 192.6 |
| 2004 | 231.8 |
| 2005 | 257.2 |
| 2006 | 423.7 |
| 2007 | 499.7 |
| 2008 | 347.8 |
| 2009 | 672.3 |
| 2010 | 874.2 |
| 2011 | 1086.8 |
| 2012 | 1353.8 |
| 2013 | 1595.5 |
| 2014 | 1735.0 |
| 2015 | 2073.5 |
| 2016 | 1731.3 |
| 2017 | 1846.4 |
| 2018 | 1114.3 |
| 2019 | 1176.0 |
| 2020 | 1295.9 |

# 2-14 海洋电力业增加值
## Added Value of Marine Electric Power Industry

单位：亿元

(100 million yuan)

| 年 份<br>Year | 增加值<br>Added Value |
|---|---|
| 2001 | 1.8 |
| 2002 | 2.2 |
| 2003 | 2.8 |
| 2004 | 3.1 |
| 2005 | 3.5 |
| 2006 | 4.4 |
| 2007 | 5.1 |
| 2008 | 11.3 |
| 2009 | 20.8 |
| 2010 | 38.1 |
| 2011 | 59.2 |
| 2012 | 77.3 |
| 2013 | 91.5 |
| 2014 | 107.7 |
| 2015 | 120.1 |
| 2016 | 128.5 |
| 2017 | 151.7 |
| 2018 | 184.8 |
| 2019 | 207.5 |
| 2020 | 236.6 |

# 2-15 海水利用业增加值
## Added Value of Seawater Utilization Industry

单位：亿元                                              (100 million yuan)

| 年　份<br>Year | 增加值<br>Added Value |
|---|---|
| 2001 | 1.1 |
| 2002 | 1.3 |
| 2003 | 1.7 |
| 2004 | 2.4 |
| 2005 | 3.0 |
| 2006 | 5.2 |
| 2007 | 6.2 |
| 2008 | 7.4 |
| 2009 | 7.8 |
| 2010 | 8.9 |
| 2011 | 10.4 |
| 2012 | 11.1 |
| 2013 | 11.9 |
| 2014 | 12.7 |
| 2015 | 13.7 |
| 2016 | 13.7 |
| 2017 | 15.8 |
| 2018 | 16.7 |
| 2019 | 18.8 |
| 2020 | 20.2 |

# 2-16 海洋交通运输业增加值
## Added Value of Marine Communications and Transportation Industry

单位：亿元                                                                (100 million yuan)

| 年 份<br>Year | 增加值<br>Added Value |
|---|---|
| 2001 | 1316.4 |
| 2002 | 1507.4 |
| 2003 | 1752.5 |
| 2004 | 2030.7 |
| 2005 | 2373.3 |
| 2006 | 2531.4 |
| 2007 | 3035.6 |
| 2008 | 3499.3 |
| 2009 | 3146.6 |
| 2010 | 3785.8 |
| 2011 | 4217.5 |
| 2012 | 4752.6 |
| 2013 | 4876.5 |
| 2014 | 5336.9 |
| 2015 | 5641.1 |
| 2016 | 5699.8 |
| 2017 | 6081.0 |
| 2018 | 5564.4 |
| 2019 | 5552.7 |
| 2020 | 5988.8 |

# 2-17 滨海旅游业增加值
## Added Value of Coastal Tourism

单位：亿元                                                 (100 million yuan)

| 年 份<br>Year | 增加值<br>Added Value |
| --- | --- |
| 2001 | 1072.0 |
| 2002 | 1523.7 |
| 2003 | 1105.8 |
| 2004 | 1522.0 |
| 2005 | 2010.6 |
| 2006 | 2619.6 |
| 2007 | 3225.8 |
| 2008 | 3766.4 |
| 2009 | 4277.1 |
| 2010 | 5303.1 |
| 2011 | 6239.9 |
| 2012 | 6931.8 |
| 2013 | 7839.7 |
| 2014 | 9752.8 |
| 2015 | 10880.6 |
| 2016 | 12432.8 |
| 2017 | 14572.5 |
| 2018 | 16078.1 |
| 2019 | 18019.5 |
| 2020 | 13492.3 |

# 2-18 沿海地区海洋生产总值（2020年）
## Gross Ocean Product by Coastal Regions (2020)

| 地 区<br>Region | 海洋生产总值<br>（亿元）<br>Gross Ocean Product<br>(100 million yuan) | 第一产业<br>Primary<br>Industry | 第二产业<br>Secondary<br>Industry | 第三产业<br>Tertiary<br>Industry | 海洋生产总值<br>占地区生产总值比重<br>（%）<br>Proportion of the<br>Gross Ocean Product<br>in the Gross Regional<br>Product<br>（%） |
|---|---|---|---|---|---|
| 合 计<br>**Total** | **79549.8** | **4133.5** | **26226.4** | **49190.0** | **14.8** |
| 天 津<br>Tianjin | 4023.9 | 6.8 | 1964.7 | 2052.4 | 28.6 |
| 河 北<br>Hebei | 2258.5 | 136.6 | 773.8 | 1348.1 | 6.2 |
| 辽 宁<br>Liaoning | 3271.1 | 351.5 | 980.4 | 1939.2 | 13.0 |
| 上 海<br>Shanghai | 9071.5 | 9.2 | 2755.7 | 6306.6 | 23.4 |
| 江 苏<br>Jiangsu | 8221.3 | 540.1 | 3911.0 | 3770.3 | 8.0 |
| 浙 江<br>Zhejiang | 8424.2 | 617.0 | 2584.9 | 5222.3 | 13.0 |
| 福 建<br>Fujian | 10461.3 | 675.9 | 3379.6 | 6405.8 | 23.8 |
| 山 东<br>Shandong | 12911.8 | 828.3 | 4519.6 | 7563.9 | 17.7 |
| 广 东<br>Guangdong | 17709.9 | 484.1 | 4618.4 | 12607.4 | 16.0 |
| 广 西<br>Guangxi | 1597.7 | 218.3 | 500.3 | 879.1 | 7.2 |
| 海 南<br>Hainan | 1598.6 | 265.7 | 238.0 | 1095.0 | 28.9 |

注：沿海地区生产总值数据来源于《中国统计年鉴2021》。

Note: The data of the Gross Regional Product of coastal regions come from the *China Statistical Yearbook 2021* .

# 2-19 沿海地区海洋生产总值构成（2020年）
## Composition of Gross Ocean Product by Coastal Regions (2020)

单位：% (%)

| 地 区<br>Region | 海洋生产总值<br>Gross Ocean Product | 第一产业<br>Primary Industry | 第二产业<br>Secondary Industry | 第三产业<br>Tertiary Industry |
|---|---|---|---|---|
| 合 计<br>**Total** | **100.0** | **5.2** | **33.0** | **61.8** |
| 天 津<br>Tianjin | 100.0 | 0.2 | 48.8 | 51.0 |
| 河 北<br>Hebei | 100.0 | 6.0 | 34.3 | 59.7 |
| 辽 宁<br>Liaoning | 100.0 | 10.7 | 30.0 | 59.3 |
| 上 海<br>Shanghai | 100.0 | 0.1 | 30.4 | 69.5 |
| 江 苏<br>Jiangsu | 100.0 | 6.6 | 47.6 | 45.9 |
| 浙 江<br>Zhejiang | 100.0 | 7.3 | 30.7 | 62.0 |
| 福 建<br>Fujian | 100.0 | 6.5 | 32.3 | 61.2 |
| 山 东<br>Shandong | 100.0 | 6.4 | 35.0 | 58.6 |
| 广 东<br>Guangdong | 100.0 | 2.7 | 26.1 | 71.2 |
| 广 西<br>Guangxi | 100.0 | 13.7 | 31.3 | 55.0 |
| 海 南<br>Hainan | 100.0 | 16.6 | 14.9 | 68.5 |

# 2-20 沿海地区海洋及相关产业增加值（2020年）
## Added Values of Marine and Related Industries by Coastal Regions (2020)

单位：亿元 (100 million yuan)

| 地 区<br>Region | 合 计<br>Total | 海洋产业<br>Marine<br>Industry | 主要海洋产业<br>Major Marine<br>Industry | 海洋科研教育管理服务业<br>Industries of<br>Marine Scientific<br>Research, Education,<br>Management and Service | 海洋相关产业<br>Ocean-related<br>Industries |
|---|---|---|---|---|---|
| 合 计<br>Total | **79549.8** | **52644.6** | **29317.3** | **23327.3** | **26905.3** |
| 天 津<br>Tianjin | 4023.9 | 2450.3 | 2065.1 | 385.2 | 1573.6 |
| 河 北<br>Hebei | 2258.5 | 1458.6 | 1259.4 | 199.3 | 799.9 |
| 辽 宁<br>Liaoning | 3271.1 | 2320.7 | 1395.3 | 925.4 | 950.5 |
| 上 海<br>Shanghai | 9071.5 | 5964.7 | 2198.4 | 3766.4 | 3106.7 |
| 江 苏<br>Jiangsu | 8221.3 | 4778.4 | 3131.4 | 1647.1 | 3442.9 |
| 浙 江<br>Zhejiang | 8424.2 | 5571.6 | 3100.0 | 2471.6 | 2852.6 |
| 福 建<br>Fujian | 10461.3 | 6292.1 | 4571.2 | 1720.9 | 4169.2 |
| 山 东<br>Shandong | 12911.8 | 8421.8 | 5042.8 | 3379.0 | 4490.1 |
| 广 东<br>Guangdong | 17709.9 | 13147.4 | 5051.0 | 8096.4 | 4562.5 |
| 广 西<br>Guangxi | 1597.7 | 1040.5 | 809.3 | 231.1 | 557.3 |
| 海 南<br>Hainan | 1598.6 | 1198.6 | 693.5 | 505.0 | 400.1 |

# 2-21 沿海地区海洋及相关产业增加值构成（2020年）
## Composition of the Added Values of Marine and Related Industries by Coastal Regions (2020)

单位：%                                                                 (%)

| 地 区<br>Region | 合 计<br>Total | 海洋产业<br>Marine<br>Industry | 主要海洋产业<br>Major Marine<br>Industry | 海洋科研教育管理服务业<br>Industries of<br>Marine Scientific<br>Research, Education,<br>Management and Service | 海洋相关产业<br>Ocean-related<br>Industries |
|---|---|---|---|---|---|
| 合 计<br>**Total** | **100.0** | **66.2** | **36.9** | **29.3** | **33.8** |
| 天 津<br>Tianjin | 100.0 | 60.9 | 51.3 | 9.6 | 39.1 |
| 河 北<br>Hebei | 100.0 | 64.6 | 55.8 | 8.8 | 35.4 |
| 辽 宁<br>Liaoning | 100.0 | 70.9 | 42.7 | 28.3 | 29.1 |
| 上 海<br>Shanghai | 100.0 | 65.8 | 24.2 | 41.5 | 34.2 |
| 江 苏<br>Jiangsu | 100.0 | 58.1 | 38.1 | 20.0 | 41.9 |
| 浙 江<br>Zhejiang | 100.0 | 66.1 | 36.8 | 29.3 | 33.9 |
| 福 建<br>Fujian | 100.0 | 60.1 | 43.7 | 16.4 | 39.9 |
| 山 东<br>Shandong | 100.0 | 65.2 | 39.1 | 26.2 | 34.8 |
| 广 东<br>Guangdong | 100.0 | 74.2 | 28.5 | 45.7 | 25.8 |
| 广 西<br>Guangxi | 100.0 | 65.1 | 50.7 | 14.5 | 34.9 |
| 海 南<br>Hainan | 100.0 | 75.0 | 43.4 | 31.6 | 25.0 |

# 主要统计指标解释

1. **海洋经济**  是开发、利用和保护海洋的各类产业活动以及与之相关联活动的总和。

2. **海洋生产总值**  是海洋经济生产总值的简称，指按市场价格计算的沿海地区常住单位在一定时期内海洋经济活动的最终成果，是海洋产业和海洋相关产业增加值之和。

3. **海洋产业**  是开发、利用和保护海洋所进行的生产和服务活动，包括海洋渔业、海洋油气业、海洋矿业、海洋盐业、海洋化工业、海洋生物医药业、海洋电力业、海水利用业、海洋船舶工业、海洋工程建筑业、海洋交通运输业、滨海旅游业等主要海洋产业以及海洋科研教育管理服务业。

4. **海洋科研教育管理服务业**  是开发、利用和保护海洋过程中所进行的科研、教育、管理及服务等活动，包括海洋信息服务业、海洋环境监测预报服务、海洋保险与社会保障业、海洋科学研究、海洋技术服务业、海洋地质勘查业、海洋环境保护业、海洋教育、海洋管理、海洋社会团体与国际组织等。

5. **海洋相关产业**  是指以各种投入产出为联系纽带，与主要海洋产业构成技术经济联系的上下游产业，涉及海洋农林业、海洋设备制造业、涉海产品及材料制造业、涉海建筑与安装业、海洋批发与零售业、涉海服务业等。

6. **海洋三次产业**  我国的海洋三次产业划分如下：

海洋第一产业：是指海洋渔业中的海洋水产品、海洋渔业服务业，以及海洋相关产业中属于第一产业范畴的部门。

海洋第二产业：是指海洋渔业中海洋水产品加工、海洋油气业、海洋矿业、海洋盐业、海洋化工业、海洋生物医药业、海洋电力业、海水利用业、海洋船舶工业、海洋工程建筑业，以及海洋相关产业中属于第二产业范畴的部门。

海洋第三产业：是指除海洋第一、海洋第二产业以外的其他行业。海洋第三产业包括海洋交通运输业、滨海旅游业、海洋科研教育管理服务业，以及海洋相关产业中属于第三产业范畴的部门。

7. **海洋渔业**  包括海水养殖、海洋捕捞、海洋渔业服务业和海洋水产品加工等活动。

8. **海洋油气业**  是指在海洋中勘探、开采、输送、加工原油和天然气的生产活动。

9. **海洋矿业**  包括海滨砂矿、海滨土砂石与煤矿及深海矿物等的采选活动。

10. **海洋盐业**  是指利用海水生产以氯化钠为主要成分的盐产品的活动，包括采盐和盐加工。

11. **海洋船舶工业**  是指以金属或非金属为主要材料，制造海洋船舶、海上固定及浮动装置的活动，以及对海洋船舶的修理及拆卸活动。

12. **海洋化工业**  包括海盐化工、海水化工、海藻化工及海洋石油化工的化工产品生产活动。

13. **海洋生物医药业**  是指以海洋生物为原料或提取有效成分，进行海洋药品与海洋保健品的生产加工及制造活动。

14. **海洋工程建筑业**  是指在海上、海底和海岸所进行的用于海洋生产、交通、娱乐、防护等用途的建筑工程施工及其准备活动；包括海港建筑、滨海电站建筑、海岸堤坝建筑、海洋隧道桥梁建筑、海上油气田陆地终端及处理设施建造、海底线路管道和设备安装，不包括各部门、各地区的房屋建筑及房屋装修工程。

15. **海洋电力业**　是指在沿海地区利用海洋能、海洋风能进行的电力生产活动。不包括沿海地区的火力发电和核力发电。

16. **海水利用业**　是指对海水的直接利用和海水淡化活动，包括利用海水进行淡水生产和将海水应用于工业冷却用水和城市生活用水、消防用水等活动，不包括海水化学资源综合利用活动。

17. **海洋交通运输业**　是指以船舶为主要工具从事海洋运输以及为海洋运输提供服务的活动，包括远洋旅客运输、沿海旅客运输、远洋货物运输、沿海货物运输、水上运输辅助活动、管道运输业、装卸搬运及其他运输服务活动。

18. **滨海旅游业**　是指以海岸带、海岛及海洋各种自然景观、人文景观为依托的旅游经营、服务活动，主要包括：海洋观光游览、休闲娱乐、度假住宿、体育运动等活动。

# Explanatory Notes on Main Statistical Indicators

**1. Marine Economy**　is the summation of various types of industrial activities for developing, utilizing and protecting the ocean as well as the activities associated with there.

**2. Gross Ocean Product**　is the short form of the gross output value of ocean economy, referring to the final result of marine economic activities of the permanent units in the coastal region within a given period calculated at the market price, and the sum total of the added values of the marine and marine-related industries.

**3. Marine industry**　refers to the production and service activities for developing, utilizing and protecting the ocean, including major marine industries such as marine fishery industry, offshore oil and gas industry, marine mining industry, sea salt industry, marine chemical industry, marine biomedicine industry, marine electric power industry, seawater utilization industry, marine shipbuilding industry, marine engineering construction industry, marine communications and transport industry, coastal tourism etc., as well as marine scientific research, education, management and service.

**4. Marine Scientific Research, Education, Management and Service**　refer to the activities of scientific research, education, management and service carried out in the process of developing, utilizing and protecting the ocean, including marine information service industry, marine environment monitoring and forecasting service, marine insurance and social security industry, marine scientific research, marine technological service industry, ocean geological prospecting industry, marine environmental protection industry, marine education, marine management, marine social groups and international organizations etc.

**5. Marine-Related Industry**　refers to the lower and upper reaches enterprises that form a technical and economic link with the major marine industries, with various inputs and outputs as ties, involving marine agriculture and forestry, marine equipment manufacturing, marine-related products and materials manufacturing industry, marine-related construction and installation industry, marine wholesale and retail industry, marine-related service industry etc.

**6. Marine Three Industries**　Chinese marine three industries are divided as follows:

Marine primary industry　refers to the marine aquatic products and marine fishery service industry in the marine fishery as well as the sectors belonging to the primary industry category in the marine-related industries.

Marine secondary industry　refers to the marine aquatic products processing industry in the marine fishery, offshore oil as gas industry, marine mining industry, sea salt industry, marine chemical industry, marine biomedicine industry, marine electric power industry, seawater utilization industry, marine shipbuilding industry, marine engineering construction industry, as well as the sectors belonging to the category of secondary industry in the marine-related industries.

Marine tertiary industry　refers to the industries other than the marine primary and secondary industries, including marine communications and transport industry, coastal tourism, marine scientific research, education, management and service industry as well as the sectors belonging to the category of tertiary industry in the marine-related industries.

**7. Marine Fishery**　includes mariculture, marine fishing, marine fishery service industry and marine aquatic products processing, etc.

**8. Offshore Oil and Gas Industry**　refers to the production activities of exploring, exploiting, transporting and processing crude oil and natural gas in the ocean.

**9. Marine Mining Industry**　includes the activities of extracting and dressing beach placers, beach soil and sand, and coal mining and deep-sea mining, etc.

**10. Sea Salt Industry**　refers to the activity of producing the salt products with the sodium chloride as the main component by utilizing seawater, including salt mining and processing.

**11. Shipbuilding Industry**　refers to the activity of building ocean vessels, offshore fixed and floating equipment with metals or non-metals as main materials as well as repairing and dismantling ocean vessels.

**12. Marine Chemical Industry**　includes the production activities of chemical products of sea salt, seawater, sea algal and marine petroleum chemical industries.

**13. Marine Biomedicine Industry**　refers to the production, processing and manufacturing activities of marine medicines and marine health care products by using marine organisms as raw materials or extracting useful components therefrom.

**14. Marine Engineering Construction Industry**　refers to the architectural projects construction and its preparations in the sea, at the sea bottom and seacoast for such uses as marine production, transportation, recreation, protection, etc., including constructions of seaports, coastal power stations, coastal dykes, marine tunnels and bridges, building of land terminals of offshore oil and gas fields as well as processing facilities, and installation of submarine pipelines and equipment, but not including the projects of house building and renovation.

**15. Marine Electric Power Industry** refers to the activities of generating electric power in the coastal region by making use of ocean energies and ocean wind energy. It does not include the thermal and nuclear power generation in the coastal area.

**16. Seawater Utilization Industry** refers to the activities of direct use of sea water and seawater desalination, including those of carrying out freshwater production and applying the seawater as water for industrial cooling, urban domestic water, water for fire fighting etc., but not including the activity of the multipurpose use of seawater chemical resources.

**17. Marine Communications and Transport Industry** refers to the activities of carrying out and serving the sea transportation with vessels as main vehicles, including ocean-going passengers transportation, coastal passengers transportation, ocean-going cargo transportation, coastal cargo transportation, auxiliary activities of water transportation, pipeline transportation, loading, unloading and transport as well as other transportation service activities.

**18. Coastal Tourism** refers to the tourist business and service activities with the backing of coastal zone, sea islands as well as a variety of natural and human landscapes of the ocean, mainly including marine sightseeing, living a life of leisure and recreation, going on vocation and getting accommodation, sports, etc.

# 3
# 主要海洋产业活动
## Major Marine Industrial Activities

# 3-1 全国海水产品产量（按产品类别分）
# Production of National Marine Products (by Product Category)

单位：吨 (t)

| 项　目　Item | 2018 | 2019 | 2020 |
|---|---|---|---|
| **海水产品产量**<br>**Production of Marine Products** | **33014303** | **32824954** | **33143754** |
| **海水养殖产量**<br>**Mariculture Production** | **20312206** | **20653287** | **21353076** |
| 鱼　类　Fish | 1495088 | 1605802 | 1749764 |
| 甲壳类　Crustacea | 1702911 | 1743826 | 1775001 |
| 贝　类　Shellfish | 14439302 | 14389727 | 14800800 |
| 藻　类　Algae | 2343871 | 2538396 | 2615136 |
| 其　他　Others | 331034 | 375536 | 412375 |
| **海洋捕捞产量**<br>**Marine Catches** | **10444647** | **10001515** | **9474104** |
| 鱼　类　Fish | 7162277 | 6828817 | 6487763 |
| 甲壳类　Crustacea | 1979498 | 1917943 | 1810820 |
| 贝　类　Shellfish | 430403 | 411943 | 361928 |
| 藻　类　Algae | 18286 | 17438 | 21739 |
| 头足类　Cephalopoda | 569944 | 569204 | 564901 |
| 其　他　Others | 284239 | 256170 | 226953 |
| **远洋渔业产量**<br>**Deep-sea Fishing Production** | **2257450** | **2170152** | **2316574** |

# 3-2 全国海水产品产量（按地区分）（2020年）
## Production of National Marine Products (by Regions) (2020)

单位：吨 (t)

| 地 区<br>Region | 海水产品产量<br>Production of<br>Marine Products | 海水养殖产量<br>Mariculture<br>Production | 海洋捕捞产量<br>Marine Catches | 远洋渔业产量<br>Deep-sea Fishing<br>Production |
|---|---|---|---|---|
| 全国总计<br>**National Total** | **33143754** | **21353076** | **9474104** | **2316574** |
| 北 京<br>Beijing | 210781 | | | 210781 |
| 天 津<br>Tianjin | 42784 | 9739 | 26952 | 6093 |
| 河 北<br>Hebei | 710213 | 488132 | 171612 | 50469 |
| 辽 宁<br>Liaoning | 3778492 | 3064802 | 463847 | 249843 |
| 上 海<br>Shanghai | 160732 | 257 | 10840 | 149635 |
| 江 苏<br>Jiangsu | 1349896 | 922756 | 417719 | 9421 |
| 浙 江<br>Zhejiang | 4509396 | 1372396 | 2568624 | 568376 |
| 福 建<br>Fujian | 7404915 | 5268029 | 1528951 | 607935 |
| 山 东<br>Shandong | 7180937 | 5141394 | 1655165 | 384378 |
| 广 东<br>Guangdong | 4505267 | 3312352 | 1131722 | 61193 |
| 广 西<br>Guangxi | 2009180 | 1506672 | 484058 | 18450 |
| 海 南<br>Hainan | 1281161 | 266547 | 1014614 | |

注：北京市远洋渔业产量包括中农发集团远洋渔业产量。

Note: Deep-sea fishing production of Beijing includes that of the China National Agricultural Development Group Co., Ltd.

# 3-3 沿海地区海盐产量
## Output of Sea Salt by Coastal Regions

单位：万吨 (10000 t)

| 地 区<br>Region | 2018 | 2019 | 2020 |
|---|---|---|---|
| 合 计<br>**Total** | **2093.2** | **2175.2** | **2178.0** |
| 天 津<br>Tianjin | 188.7 | 188.3 | 195.6 |
| 河 北<br>Hebei | 377.7 | 337.6 | 330.2 |
| 辽 宁<br>Liaoning | | 96.1 | 93.5 |
| 江 苏<br>Jiangsu | 106.8 | 80.7 | 75.3 |
| 浙 江<br>Zhejiang | 0.5 | | 0.3 |
| 福 建<br>Fujian | 29.1 | 22.5 | 28.0 |
| 山 东<br>Shandong | 1381.9 | 1441.0 | 1450.0 |
| 广 东<br>Guangdong | 3.6 | 4.1 | |
| 海 南<br>Hainan | 4.9 | 4.9 | 5.1 |

注：数据为沿海地区汇总数据。
Note: The data are collected from the coastal regions.

# 3-4 分地区海船完工量（2020年）
# Marine Shipbuilding Completions by Regions (2020)

| 部门和地区<br>Sector and Region | 海船完工量<br>Marine Shipbuilding Completions | |
| --- | --- | --- |
| | 艘<br>(unit) | 万载重吨<br>(10000 DWT) |
| 合　计　**Total** | **730** | **3813.90** |
| 其　中：Including: | | |
| 中国船舶集团有限公司<br>CSSC | 187 | 1670.44 |
| 按地区分: by Regions: | | |
| 天　津<br>Tianjin | 8 | 68.31 |
| 辽　宁<br>Liaoning | 47 | 534.61 |
| 上　海<br>Shanghai | 49 | 662.30 |
| 江　苏<br>Jiangsu | 238 | 1704.26 |
| 浙　江<br>Zhejiang | 143 | 230.16 |
| 安　徽<br>Anhui | 16 | 20.72 |
| 福　建<br>Fujian | 14 | 21.07 |
| 山　东<br>Shandong | 91 | 59.61 |
| 湖　北<br>Hubei | 15 | 244.82 |
| 广　东<br>Guangdong | 77 | 267.36 |
| 广　西<br>Guangxi | 6 | 0.45 |
| 重　庆<br>Chongqing | 12 | 0.20 |
| 北　京<br>Beijing | 14 | 0.02 |

# 3-5 沿海地区海洋货物运输量和周转量（2020年）
## Maritime Freight Traffic and Ton-kilometers by Coastal Regions (2020)

单位：万吨，万吨·千米　　　　　　　　　　　　　　　　　　　　（10000 t, 10000 t-km）

| 地 区<br>Region | 海洋货运量<br>Maritime Freight Traffic | 海洋货物周转量<br>Maritime Freight Ton-kilometers |
|---|---|---|
| 合 计<br>**Total** | **380087** | **898969012** |
| 天 津<br>Tianjin | 9134 | 14420140 |
| 河 北<br>Hebei | 4575 | 6546524 |
| 辽 宁<br>Liaoning | 4797 | 15758197 |
| 上 海<br>Shanghai | 88127 | 318707006 |
| 江 苏<br>Jiangsu | 31856 | 49588865 |
| 浙 江<br>Zhejiang | 83061 | 95213100 |
| 福 建<br>Fujian | 42999 | 77987471 |
| 山 东<br>Shandong | 14413 | 18371355 |
| 广 东<br>Guangdong | 62195 | 238134757 |
| 广 西<br>Guangxi | 6501 | 8308826 |
| 海 南<br>Hainan | 12682 | 36248846 |
| 其 他<br>Others | 19747 | 19683925 |

# 3-6 沿海地区海洋旅客运输量和周转量（2020年）
## Maritime Passenger Traffic and Passenger-kilometers by Coastal Regions (2020)

单位：万人，万人·千米　　　　　　　　　　　　　　　　　(10000 persons, 10000 person-km)

| 地 区<br>Region | 海洋客运量<br>Maritime Passenger Traffic | 海洋旅客周转量<br>Maritime Passenger-kilometers |
|---|---|---|
| 合 计<br>**Total** | **6759** | **178259** |
| 天 津<br>Tianjin | 1 | 19 |
| 河 北<br>Hebei | 0 | 0 |
| 辽 宁<br>Liaoning | 228 | 15991 |
| 上 海<br>Shanghai | … | 77 |
| 江 苏<br>Jiangsu | 2 | 1562 |
| 浙 江<br>Zhejiang | 2650 | 38256 |
| 福 建<br>Fujian | 668 | 6439 |
| 山 东<br>Shandong | 685 | 38814 |
| 广 东<br>Guangdong | 1209 | 38921 |
| 广 西<br>Guangxi | 224 | 11372 |
| 海 南<br>Hainan | 1092 | 26806 |

# 3-7 沿海港口客货吞吐量（2020年）
## Volume of Passenger and Freight Handled at Coastal Seaports (2020)

单位：万吨，万人 （10000 t, 10000 persons)

| 地 区<br>Region | 货物吞吐量<br>Cargo Handled | 外 贸<br>Foreign Trade | 旅客吞吐量<br>Passenger Throughput | 离 港<br>Leaving |
|---|---|---|---|---|
| 合 计<br>**Total** | **948002** | **400457** | **4344** | **2171** |
| 天 津<br>Tianjin | 50290 | 28468 | 4 | 2 |
| 河 北<br>Hebei | 120446 | 36851 | 0 | 0 |
| 辽 宁<br>Liaoning | 82004 | 30863 | 241 | 118 |
| 上 海<br>Shanghai | 65105 | 38864 | 32 | 15 |
| 江 苏<br>Jiangsu | 32447 | 15217 | 1 | … |
| 浙 江<br>Zhejiang | 141447 | 56219 | 266 | 133 |
| 福 建<br>Fujian | 62132 | 23550 | 276 | 138 |
| 山 东<br>Shandong | 168881 | 93247 | 637 | 320 |
| 广 东<br>Guangdong | 175788 | 59530 | 1697 | 852 |
| 广 西<br>Guangxi | 29567 | 13828 | 6 | 3 |
| 海 南<br>Hainan | 19895 | 3821 | 1184 | 589 |

# 3-8 沿海港口国际标准集装箱吞吐量
## Volume of International Standardized Containers
## Handled at Coastal Seaports

单位：万标准箱，万吨  (10000 TEU, 10000 t)

| 地 区<br>Region | 2018 | | 2019 | | 2020 | |
|---|---|---|---|---|---|---|
| | 箱 数<br>Number of<br>Containers | 重 量<br>Weight | 箱 数<br>Number of<br>Containers | 重 量<br>Weight | 箱 数<br>Number of<br>Containers | 重 量<br>Weight |
| 合 计<br>**Total** | **22203** | **259106** | **23092** | **263989** | **23429** | **264788** |
| 天 津<br>Tianjin | 1601 | 17337 | 1730 | 19024 | 1835 | 19322 |
| 河 北<br>Hebei | 426 | 5785 | 413 | 5003 | 447 | 5535 |
| 辽 宁<br>Liaoning | 1926 | 31646 | 1689 | 24184 | 1311 | 17806 |
| 上 海<br>Shanghai | 4201 | 41126 | 4330 | 42314 | 4350 | 43466 |
| 江 苏<br>Jiangsu | 494 | 4916 | 505 | 5068 | 507 | 5100 |
| 浙 江<br>Zhejiang | 2898 | 29339 | 3063 | 30576 | 3219 | 32143 |
| 福 建<br>Fujian | 1647 | 21980 | 1726 | 22986 | 1720 | 22364 |
| 山 东<br>Shandong | 2765 | 31902 | 3010 | 34578 | 3191 | 36866 |
| 广 东<br>Guangdong | 5714 | 65007 | 5976 | 67448 | 6044 | 67487 |
| 广 西<br>Guangxi | 290 | 5835 | 382 | 7822 | 505 | 9650 |
| 海 南<br>Hainan | 240 | 4234 | 268 | 4988 | 300 | 5048 |

# 3-9 沿海城市国内旅游人数
## Domestic Visitors by Coastal Cities

单位：万人·次 （10000 person-times）

| 城　市　City | | 2018 | 2019 | 2020 |
|---|---|---|---|---|
| 合　计 | **Total** | | | |
| 天　津 | **Tianjin** | **22651** | **24497** | **14124** |
| 河　北 | **Hebei** | | **17548** | |
| 唐　山 | Tangshan | | 7853 | |
| 秦皇岛 | Qinhuangdao | | 7228 | |
| 沧　州 | Cangzhou | | 2468 | |
| 辽　宁 | **Liaoning** | **25461** | **28770** | **12868** |
| 大　连 | Dalian | 9288 | 10268 | 3985 |
| 丹　东 | Dandong | 4987 | 5594 | 1746 |
| 锦　州 | Jinzhou | 2935 | 3375 | 1310 |
| 营　口 | Yingkou | 2756 | 3087 | 2034 |
| 盘　锦 | Panjin | 3045 | 3595 | 2342 |
| 葫芦岛 | Huludao | 2450 | 2851 | 1450 |
| 上　海 | **Shanghai** | **33977** | **36141** | |
| 江　苏 | **Jiangsu** | **11896** | **13154** | **6589** |
| 南　通 | Nantong | 4767 | 5251 | 1621 |
| 连云港 | Lianyungang | 3802 | 4199 | 2563 |
| 盐　城 | Yancheng | 3327 | 3704 | 2405 |
| 浙　江 | **Zhejiang** | | **91942** | **85534** |
| 杭　州 | Hangzhou | | 20700 | 17559 |
| 宁　波 | Ningbo | | 13947 | 19561 |
| 温　州 | Wenzhou | | 13670 | 11939 |
| 嘉　兴 | Jiaxing | | 11971 | 10104 |
| 绍　兴 | Shaoxing | | 11473 | 9721 |
| 舟　山 | Zhoushan | | 7025 | 5236 |
| 台　州 | Taizhou | | 13156 | 11414 |

注：数据来源于《2019—2020中国省市经济发展年鉴》和沿海省（自治区、直辖市）统计年鉴。

Note：The data come from the *China Provinces And Cities Economic Development Yearbook 2019-2020* and the statistical yearbooks of coastal provinces, autonomous regions and municipalities directly under the Central Government.

3-9 续表 continued

| 城　市　City | 2018 | 2019 | 2020 |
|---|---|---|---|
| 福　建　**Fujian** | | | |
| 福　州　Fuzhou | | | |
| 厦　门　Xiamen | | | |
| 莆　田　Putian | | | |
| 泉　州　Quanzhou | | | |
| 漳　州　Zhangzhou | | | |
| 宁　德　Ningde | | | |
| 山　东　**Shandong** | | | |
| 青　岛　Qingdao | | | |
| 东　营　Dongying | | | |
| 烟　台　Yantai | | | |
| 潍　坊　Weifang | | | |
| 威　海　Weihai | | | |
| 日　照　Rizhao | | | |
| 滨　州　Binzhou | | | |
| 广　东　**Guangdong** | **33750** | **36722** | **17922** |
| 广　州　Guangzhou | 5632 | 5874 | 3973 |
| 深　圳　Shenzhen | 5188 | 5501 | 4879 |
| 珠　海　Zhuhai | 2127 | 2263 | 924 |
| 汕　头　Shantou | 2131 | 2307 | 494 |
| 江　门　Jiangmen | 2472 | 2766 | 700 |
| 湛　江　Zhanjiang | 2597 | 2800 | 753 |
| 茂　名　Maoming | 1394 | 1546 | 536 |
| 惠　州　Huizhou | 2441 | 2731 | 1297 |
| 汕　尾　Shanwei | 922 | 965 | 501 |
| 阳　江　Yangjiang | 1472 | 1623 | 864 |
| 东　莞　Dongguan | 1936 | 2051 | 1648 |
| 中　山　Zhongshan | 1334 | 1413 | 810 |
| 潮　州　Chaozhou | 1920 | 2535 | 280 |
| 揭　阳　Jieyang | 2184 | 2348 | 265 |
| 广　西　**Guangxi** | **10324** | **13919** | **10763** |
| 北　海　Beihai | 3935 | 5279 | 4120 |
| 防城港　Fangchenggang | 2747 | 3652 | 2767 |
| 钦　州　Qinzhou | 3642 | 4988 | 3876 |
| 海　南　**Hainan** | **3919** | **4160** | **3342** |
| 海　口　Haikou | 1639 | 1689 | 1337 |
| 三　亚　Sanya | 2028 | 2197 | 1740 |
| 儋　州　Danzhou | 252 | 275 | 265 |

# 3-10 主要沿海城市接待入境游客人数
## Number of Inbound Tourists Received by Major Coastal Cities

单位：人·次                                                              (person-time)

| 城　市　City | | 2017 | 2018 | 2019 |
|---|---|---|---|---|
| 合　计 | **Total** | **47585633** | **45745849** | **89767105** |
| 天　津 | Tianjin | 792094 | 589644 | 561038 |
| 秦皇岛 | Qinhuangdao | 153307 | 164910 | 138159 |
| 大　连 | Dalian | 1063938 | 1103100 | 1144020 |
| 上　海 | Shanghai | 7193302 | 7420398 | 7346862 |
| 南　通 | Nantong | 185745 | 195230 | 198539 |
| 连云港 | Lianyungang | 26140 | 28936 | 33803 |
| 杭　州 | Hangzhou | 2040369 | 1071638 | 1133143 |
| 宁　波 | Ningbo | 890726 | 840102 | 762032 |
| 温　州 | Wenzhou | 585735 | 555291 | 583884 |
| 福　州 | Fuzhou | 1290575 | 1344660 | 1435522 |
| 厦　门 | Xiamen | 2517280 | 1656939 | 1783150 |
| 泉　州 | Quanzhou | 1383202 | 1014560 | 940866 |
| 漳　州 | Zhangzhou | 610788 | 339346 | 527994 |
| 青　岛 | Qingdao | 1216971 | 1308635 | 1359949 |
| 烟　台 | Yantai | 619339 | 614552 | 568220 |
| 威　海 | Weihai | 414427 | 376604 | 356755 |
| 广　州 | Guangzhou | 9004800 | 9006262 | 28499081 |
| 深　圳 | Shenzhen | 12070100 | 12170845 | 33618483 |
| 珠　海 | Zhuhai | 3182500 | 3259694 | 5411430 |
| 汕　头 | Shantou | 291000 | 337784 | 376460 |
| 湛　江 | Zhanjiang | 372100 | 425728 | 542139 |
| 中　山 | Zhongshan | 661100 | 782893 | 1071240 |
| 北　海 | Beihai | 145410 | 160644 | 176872 |
| 海　口 | Haikou | 181887 | 261296 | 291186 |
| 三　亚 | Sanya | 692798 | 716158 | 906278 |

# 3-11 主要沿海城市接待入境游客情况（2019年）
# Breakdown of Inbound Tourists Received
# by Major Coastal Cities (2019)

单位：人·次，人·天      (person-time, night)

| 城 市<br>City | | 外国人<br>Foreigners | | 香港同胞<br>Hong Kong Compatriots | |
|---|---|---|---|---|---|
| | | 人次数<br>Arrivals | 人天数<br>Nights | 人次数<br>Arrivals | 人天数<br>Nights |
| 天 津 | Tianjin | 507645 | 3611556 | 22318 | 161670 |
| 秦皇岛 | Qinhuangdao | 126312 | 1094370 | 4749 | 34844 |
| 大 连 | Dalian | 976828 | 1772361 | 80143 | 147578 |
| 上 海 | Shanghai | 5991596 | 23367224 | 536046 | 2036975 |
| 南 通 | Nantong | 164350 | 477764 | 6756 | 15227 |
| 连云港 | Lianyungang | 27741 | 88205 | 981 | 2043 |
| 杭 州 | Hangzhou | 839504 | 2312566 | 106739 | 256361 |
| 宁 波 | Ningbo | 601670 | 1350090 | 63516 | 132938 |
| 温 州 | Wenzhou | 420239 | 963028 | 35990 | 79399 |
| 福 州 | Fuzhou | 855488 | 2821791 | 162012 | 447148 |
| 厦 门 | Xiamen | 874366 | 2606392 | 207453 | 514746 |
| 泉 州 | Quanzhou | 289653 | 848036 | 445353 | 1135325 |
| 漳 州 | Zhangzhou | 171949 | 330496 | 133991 | 307221 |
| 青 岛 | Qingdao | 1010371 | 3134525 | 133249 | 432216 |
| 烟 台 | Yantai | 460831 | 1490924 | 33770 | 101037 |
| 威 海 | Weihai | 322812 | 1190611 | 4459 | 14308 |
| 广 州 | Guangzhou | 10972044 | 11844312 | 13548108 | 11343333 |
| 深 圳 | Shenzhen | 2014452 | 4048720 | 31173182 | 31883121 |
| 珠 海 | Zhuhai | 713062 | 1547344 | 1875127 | 2539860 |
| 汕 头 | Shantou | 176864 | 537667 | 179932 | 475020 |
| 湛 江 | Zhanjiang | 282747 | 451408 | 210617 | 367916 |
| 中 山 | Zhongshan | 175666 | 397005 | 672053 | 1110463 |
| 北 海 | Beihai | 93634 | 200662 | 49635 | 98332 |
| 海 口 | Haikou | 193201 | 313906 | 28063 | 44688 |
| 三 亚 | Sanya | 732729 | 3129998 | 71248 | 157525 |

| 城　市<br>City | | 澳门同胞<br>Macao Compatriots | | 台湾同胞<br>Taiwan Compatriots | |
|---|---|---|---|---|---|
| | | 人次数<br>Arrivals | 人天数<br>Nights | 人次数<br>Arrivals | 人天数<br>Nights |
| 天　津 | Tianjin | 2650 | 20175 | 28425 | 225638 |
| 秦皇岛 | Qinhuangdao | 162 | 1460 | 6936 | 40624 |
| 大　连 | Dalian | 2484 | 5458 | 84565 | 150153 |
| 上　海 | Shanghai | 31939 | 124562 | 787281 | 3149124 |
| 南　通 | Nantong | 435 | 923 | 26998 | 88543 |
| 连云港 | Lianyungang | 119 | 248 | 4962 | 19853 |
| 杭　州 | Hangzhou | 11269 | 25153 | 175631 | 397040 |
| 宁　波 | Ningbo | 7498 | 16466 | 89348 | 175916 |
| 温　州 | Wenzhou | 8141 | 30965 | 119513 | 257189 |
| 福　州 | Fuzhou | 59380 | 135814 | 358642 | 987214 |
| 厦　门 | Xiamen | 10715 | 23944 | 690616 | 1601324 |
| 泉　州 | Quanzhou | 61970 | 130195 | 143890 | 397634 |
| 漳　州 | Zhangzhou | 20298 | 48957 | 201756 | 471904 |
| 青　岛 | Qingdao | 48891 | 152903 | 167438 | 525738 |
| 烟　台 | Yantai | 19577 | 46826 | 54041 | 173728 |
| 威　海 | Weihai | 1271 | 3843 | 28213 | 84653 |
| 广　州 | Guangzhou | 1819252 | 1446945 | 2159677 | 1893080 |
| 深　圳 | Shenzhen | 59148 | 153356 | 371701 | 1137632 |
| 珠　海 | Zhuhai | 1980664 | 1980664 | 842577 | 1779017 |
| 汕　头 | Shantou | 2939 | 8229 | 16725 | 49339 |
| 湛　江 | Zhanjiang | 16393 | 18307 | 32382 | 42489 |
| 中　山 | Zhongshan | 128121 | 211246 | 95400 | 191744 |
| 北　海 | Beihai | 13717 | 30707 | 19886 | 42887 |
| 海　口 | Haikou | 3581 | 5363 | 66341 | 101746 |
| 三　亚 | Sanya | 10221 | 22491 | 92080 | 199018 |

# 主要统计指标解释

**1. 海洋捕捞产量** 指国内海域捕捞的天然生长的水产品产量，不包括远洋渔业产量。

**2. 海水养殖产量** 指从人工投放苗种或天然纳苗并进行人工饲养管理的海水养殖水域中捕捞的水产品产量。

**3. 远洋渔业产量** 由各远洋渔业企业和各生产单位按我国远洋渔业项目管理办法组织的远洋渔船（队）在非我国管辖海域（外国专属经济区水域或公海）捕捞的水产品产量。中外合资、合作渔船捕捞的水产品只统计按协议应属于中方所有的部分。

**4. 海盐产量** 指报告期内以海水（含沿海浅层地下卤水）为原料经晒制而成的以氯化钠为主要成分的产品，并经验收后符合质量标准的合格产量。

**5. 货运量** 指经船舶实际运送的货物重量。

**6. 货物周转量** 指船舶实际运送的每批货物重量与其运送距离的乘积之和。

**7. 客运量** 指经船舶实际运送的旅客人数。

**8. 旅客周转量** 指经船舶实际运送的每位旅客与该旅客运送距离的乘积之和。

**9. 国际标准集装箱吞吐量** 经由水路进、出沿海港区范围并经过装卸的集装箱数量。

**10. 接待人次数** 指报告期内我国接待游客人数。游客按出游地分为国际游客（即海外游客）和国内游客，按出游时间分为旅游者（过夜游客）和一日游游客（不过夜游客）。

**11. 接待人天数** 指过夜旅游者的停留天数。

**12. 外国人** 指外国国籍的人，加入外籍的中国血统华人也计入外国人。

**13. 港澳台同胞** 指居住在我国香港特别行政区、澳门特别行政区和台湾省的中国同胞。

# Explanatory Notes on Main Statistical Indicators

**1. Marine Catches** refers to the output of marine natural aquatic products caught in the domestic sea area, excluding the output of deep-sea fishing production.

**2. Mariculture Production** refers to the output of aquatic products whose young are artificially released or naturally collected, and raised and managed artificially, and which are caught from the waters of mariculture.

**3. Deep-Sea Fishing Production** refers to the output of aquatic products caught in the non-Chinese jurisdictional sea areas (foreign EEZ or high sea) by the distant fishing vessels (fleet) organized by various distant fishing businesses and production units according to the management measures for the China distant fishing projects. The aquatic products caught by the Chinese-foreign joint ventures' and cooperative fishing vessels are counted only for the part owned by the Chinese side according to the agreement.

**4. Output of Sea Salt** refers to the qualified output of the product with sodium chloride as the main component, which is made from seawater (including coastal shallow underground brine) as raw material and meets the quality standard after acceptance during the reporting period.

**5. Freight Traffic**　refers to the weight of freight actually transported by vessels.

**6. Freight Ton-kilometers**　refers to the product sum of the weight of each batch of cargoes actually transported by vessels multiplied by its transport distance.

**7. Passenger Traffic**　refers to the number of passengers actually transported by vessels.

**8. Passenger-kilometers**　refers to the product sum of each of the passengers actually transported by vessels multiplied by the transport distance of this passager.

**9. Volume of International Standardized Containers Handled**　refers to the number of loaded and unloaded containers that enter and leave the coastal seaports area.

**10. Number of Person-Times Received**　refers to the number of visitors received by China in the period reported. Visitors are divided into international visitors (i.e., overseas visitors) and domestic visitors by origin of the travel, and tourists (overnight visitors) and one-day visitors (non overnight visitors) by their length of stay.

**11. Number of the Days of Stay**　refers to the number of the days of stay of tourists.

**12. Foreigners**　refers to the people with foreign nationality, including foreign nationals of Chinese descent.

**13. Compatriots from Hong Kong, Macao and Taiwan Province**　refer to the Chinese compatriots living in the Hong Kong Special Administrative Region, the Macao Special Administrative Region and Taiwan Province.

# 4

# 主要海洋产业生产能力
## Production Capacity of Major Marine Industries

# 4-1 沿海地区海水养殖面积
# Mariculture Area by Coastal Regions

单位：公顷                                                          (hm²)

| 地 区<br>Region | 2018 | 2019 | 2020 |
|---|---|---|---|
| 合 计<br>**Total** | **2043069** | **1992177** | **1995550** |
| 天 津<br>Tianjin | 2759 | 813 | 975 |
| 河 北<br>Hebei | 111404 | 107041 | 105341 |
| 辽 宁<br>Liaoning | 693190 | 661817 | 650719 |
| 上 海<br>Shanghai | | | 266 |
| 江 苏<br>Jiangsu | 186641 | 179951 | 177629 |
| 浙 江<br>Zhejiang | 80924 | 82019 | 82535 |
| 福 建<br>Fujian | 162464 | 163713 | 163144 |
| 山 东<br>Shandong | 570857 | 561501 | 580350 |
| 广 东<br>Guangdong | 165614 | 164990 | 164719 |
| 广 西<br>Guangxi | 47844 | 49822 | 52277 |
| 海 南<br>Hainan | 21372 | 20510 | 17595 |

注：数据来源于《2021中国渔业统计年鉴》。

Note: The data come from the *China Fishery Statistical Yearbook 2021.*

# 4-2 沿海地区盐田面积和海盐生产能力
## Salt Pan Area and Sea Salt Production Capacity by Coastal Regions

| 地 区<br>Region | 盐田总面积<br>（平方千米）<br>Total Area of Salt Pan<br>(km$^2$) | | 生产面积<br>（平方千米）<br>Production Area<br>(km$^2$) | | 年末海盐生产能力<br>（万吨）<br>Year-End Capacity of Sea<br>Salt Production<br>(10000 t) | |
|---|---|---|---|---|---|---|
| | 2019 | 2020 | 2019 | 2020 | 2019 | 2020 |
| 合 计<br>**Total** | **2594** | **2573** | **1761** | **1723** | **2893** | **2961** |
| 天 津<br>Tianjin | 263 | 262 | 236 | 235 | 161 | 161 |
| 河 北<br>Hebei | 555 | 574 | 439 | 431 | 361 | 344 |
| 辽 宁<br>Liaoning | 317 | 287 | 258 | 212 | 102 | 104 |
| 江 苏<br>Jiangsu | 284 | 280 | 71 | 68 | 115 | 115 |
| 浙 江<br>Zhejiang | | 15 | | 11 | | 2 |
| 福 建<br>Fujian | 51 | 51 | 39 | 39 | 30 | 30 |
| 山 东<br>Shandong | 1064 | 1071 | 674 | 702 | 2117 | 2200 |
| 广 东<br>Guangdong | 21 | | 16 | | 1 | |
| 海 南<br>Hainan | 40 | 34 | 28 | 24 | 6 | 6 |

# 4-3 海上风电项目情况（2020年）
# Projects of Offshore Wind Power (2020)

| 地区<br>Region | 海上风电新增项目情况<br>New Offshore Wind Power Projects | | 海上风电累计项目情况<br>Installed Offshore Wind Power Projects | |
|---|---|---|---|---|
| | 新增装机数量<br>（台）<br>New Installed Number (unit) | 新增装机容量<br>（兆瓦）<br>New Installed Capacity (MW) | 累计装机数量<br>（台）<br>Cumulative Installed Number (unit) | 累计装机容量<br>（兆瓦）<br>Cumulative Installed Capacity (MW) |
| 合 计<br>**Total** | **787** | **3844.5** | **2634** | **10870.1** |
| 天 津<br>Tianjin | 0 | 0.0 | 36 | 117.0 |
| 河 北<br>Hebei | 2 | 8.0 | 75 | 300.0 |
| 辽 宁<br>Liaoning | 33 | 178.1 | 97 | 424.7 |
| 上 海<br>Shanghai | 0 | 0.0 | 117 | 417.0 |
| 江 苏<br>Jiangsu | 473 | 2090.6 | 1754 | 6816.0 |
| 浙 江<br>Zhejiang | 31 | 142.0 | 97 | 406.5 |
| 福 建<br>Fujian | 86 | 526.3 | 191 | 1016.2 |
| 山 东<br>Shandong | 0 | 0.0 | 4 | 15.0 |
| 广 东<br>Guangdong | 162 | 899.6 | 263 | 1357.8 |

# 4-4 主要海洋能电站分布情况
# Distribution of Major Ocean Power Stations

| 电站名称<br>Name | 运行情况<br>Status of Operation | 装机容量<br>（千瓦）<br>Installed<br>Capacity<br>(kW) |
|---|---|---|
| LHD潮流能电站<br>LHD Tidal Power Station | 2016年3月开始建设，2016年8月并网<br>It began construction in March 2016 and was put into use in August 2016 | 1700 |
| 海山潮汐电站<br>Haishan Tidal Power Station | 1972年开始建造，1975年投入使用，运行至今<br>It began construction in 1972, was put into use in 1975 and has been in operation so far | 250 |
| 江厦潮汐试验电站<br>Jiangxia Experimental Tidal Power Station | 1972年开始建造，1980年投入使用，运行至今<br>It began construction in 1972, was put into use in 1980 and has been in operation so far | 4100 |

# 4-5 主要海上活动船舶（2020年）
# Major Vessels Operating on the Sea (2020)

| 类　别<br>Type | 艘数<br>（艘）<br>Number of<br>Vessels<br>(unit) | 总吨位<br>（总吨）<br>Gross<br>Tonnage<br>(GT) | 净载重量<br>（万吨）<br>Net Weight<br>Tonnage<br>(10000 t) | 载客量<br>（客位）<br>Passenger<br>Capacity<br>(seat) | 总功率<br>（千瓦）<br>Total<br>Power<br>(kW) |
|---|---|---|---|---|---|
| 海洋机动渔船（生产渔船）<br>Marine Motor Fishing Vessels<br>(Production Fishing Vessels) | 203543 | 8246487 | | | 14489895 |
| #远洋渔船<br>Ocean-going Fishing Vessels | 2705 | | | | 2879078 |
| 海洋运输船舶<br>Marine Transport Vessels | 11851 | | 133871340.0 | 259273 | 38814402 |
| 沿　海<br>Coastal | 10352 | | 79298326.0 | 236328 | 23000691 |
| 远　洋<br>Ocean-going | 1499 | | 54573014.0 | 22945 | 15813711 |
| 海洋调查船<br>Marine Research Vessels | 56 | 158121 | | 2059 | 248898 |
| 中国科学院<br>Chinese Academy of Sciences | 12 | 28665 | 0.8 | 398 | 49591 |
| 自然资源部<br>Ministry of Natural Resources of<br>the PRC | 44 | 129465 | | 1661 [1] | 199307 |

注：①为43艘海洋调查船的载客量合计数。

Notes: ①It's total passenger capacity of 43 marine research vessels.

# 4-6 沿海主要港口生产用码头泊位（2020年）
# Berths for Productive Use at the Main Coastal Seaports (2020)

单位：米，个 (m, unit)

| 港 口<br>Seaport | | 码头长度<br>Wharf Length | 泊位个数<br>Number of Berths | 万吨级<br>10000 Tons Class |
|---|---|---|---|---|
| 合 计 | **Total** | **842244** | **5214** | **2067** |
| 丹 东 | Dandong | 7626 | 42 | 25 |
| 大 连 | Dalian | 43218 | 231 | 111 |
| 营 口 | Yingkou | 18975 | 86 | 61 |
| 锦 州 | Jinzhou | 6119 | 23 | 21 |
| 秦皇岛 | Qinhuangdao | 16013 | 73 | 44 |
| 黄 骅 | Huanghua | 9945 | 39 | 35 |
| 唐 山 | Tangshan | 35908 | 139 | 125 |
| 天 津 | Tianjin | 37516 | 144 | 117 |
| 烟 台 | Yantai | 38164 | 213 | 107 |
| 威 海 | Weihai | 12916 | 79 | 37 |
| 青 岛 | Qingdao | 29504 | 113 | 89 |
| 日 照 | Rizhao | 22500 | 84 | 73 |
| 上 海 | Shanghai | 75817 | 560 | 185 |
| 连云港 | Lianyungang | 17197 | 74 | 62 |
| 盐 城 | Yancheng | 11329 | 94 | 24 |
| 嘉 兴 | Jiaxing | 12693 | 99 | 36 |
| 宁波舟山 | Ningbo Zhoushan | 96543 | 608 | 196 |
| 台 州 | Taizhou | 15740 | 197 | 11 |
| 温 州 | Wenzhou | 17141 | 201 | 20 |

| 港 口<br>Seaport | | 码头长度<br>Wharf Length | 泊位个数<br>Number of Berths | 万吨级<br>10000 Tons Class |
|---|---|---|---|---|
| 福 州 | Fuzhou | 25889 | 152 | 67 |
| 莆 田 | Putian | 5217 | 25 | 14 |
| 泉 州 | Quanzhou | 15236 | 87 | 25 |
| 厦 门 | Xiamen | 30452 | 156 | 78 |
| 汕 头 | Shantou | 5013 | 34 | 11 |
| 汕 尾 | Shanwei | 2049 | 17 | 3 |
| 惠 州 | Huizhou | 11383 | 49 | 27 |
| 深 圳 | Shenzhen | 32495 | 156 | 75 |
| 虎 门 | Humen | 17309 | 113 | 35 |
| 广 州 | Guangzhou | 45943 | 417 | 80 |
| 中 山 | Zhongshan | 2368 | 29 | 0 |
| 珠 海 | Zhuhai | 21202 | 165 | 34 |
| 江 门 | Jiangmen | 13151 | 143 | 6 |
| 阳 江 | Yangjiang | 2664 | 13 | 9 |
| 茂 名 | Maoming | 3219 | 18 | 11 |
| 湛 江 | Zhanjiang | 21843 | 146 | 42 |
| 北部湾 | Beibuwan | 40336 | 271 | 98 |
| 海 口 | Haikou | 9676 | 69 | 34 |
| 洋 浦 | Yangpu | 9447 | 43 | 30 |
| 八 所 | Basuo | 2488 | 12 | 9 |

# 4-7 沿海地区星级饭店基本情况（2020年）
# Star Grade Hotels and Occupancies by Coastal Regions (2020)

| 地　区<br>Region | 饭店数<br>（座）<br>Number of Hotels<br>(unit) | 客房数<br>（间）<br>Number of Rooms<br>(unit) | 床位数<br>（张）<br>Number of Beds<br>(unit) | 客房出租率<br>（%）<br>Room Occupancy<br>(%) |
|---|---|---|---|---|
| 合　计　Total | 3474 | 572193 | 911198 | 39.85 |
| 天　津　Tianjin | 69 | 12962 | 19355 | 33.70 |
| 河　北　Hebei | 285 | 42834 | 73000 | 37.50 |
| 辽　宁　Liaoning | 293 | 39353 | 64616 | 31.44 |
| 上　海　Shanghai | 188 | 51718 | 74900 | 36.70 |
| 江　苏　Jiangsu | 376 | 65723 | 101640 | 41.90 |
| 浙　江　Zhejiang | 500 | 84286 | 134792 | 41.72 |
| 福　建　Fujian | 279 | 48273 | 74946 | 43.72 |
| 山　东　Shandong | 454 | 70287 | 115383 | 39.72 |
| 广　东　Guangdong | 551 | 94536 | 149804 | 38.05 |
| 广　西　Guangxi | 381 | 42231 | 69339 | 40.52 |
| 海　南　Hainan | 98 | 19990 | 33423 | 44.81 |

# 4-8 沿海地区旅行社数
## Number of Travel Agencies by Coastal Regions

单位：家 (unit)

| 地 区<br>Region | | 2018 | 2019 | 2020 |
|---|---|---|---|---|
| 合 计 | **Total** | **18626** | **19417** | **20185** |
| 天 津 | Tianjin | 476 | 502 | 516 |
| 河 北 | Hebei | 1478 | 1513 | 1531 |
| 辽 宁 | Liaoning | 1517 | 1524 | 1530 |
| 上 海 | Shanghai | 1691 | 1758 | 1808 |
| 江 苏 | Jiangsu | 2835 | 2943 | 3057 |
| 浙 江 | Zhejiang | 2686 | 2769 | 2885 |
| 福 建 | Fujian | 1128 | 1181 | 1270 |
| 山 东 | Shandong | 2511 | 2613 | 2676 |
| 广 东 | Guangdong | 3045 | 3281 | 3390 |
| 广 西 | Guangxi | 819 | 850 | 922 |
| 海 南 | Hainan | 440 | 483 | 600 |

# 主要统计指标解释

**1. 海水养殖面积** 指利用天然海水用于养殖水产品的水面面积，包括海上养殖、滩涂养殖、其他养殖。在报告期内无论是否全部收获或尚未收获其产品，均应统计在海水养殖面积中。但有些滩涂、水面不投放苗种或投放少量苗种，只进行一般管理的，不统计为养殖面积。

**2. 盐田总面积** 指盐田占有的全部面积。包括储卤、蒸发、保卤、结晶面积、滩内的沟、壕、池、埝、滩坨等面积及滩外的沟、壕、公路及杂地面积。

**3. 盐田生产面积** 指直接提供给海盐生产的面积，包括结晶面积、蒸发面积、保卤面积，滩内的沟、壕、池、埝面积及滩坨面积。

**4. 年末海盐生产能力** 指年末企业生产原盐的全部设备的综合平衡能力。海盐生产露天作业，受天气影响，因而计算生产能力时，成熟滩田按 10 年实际平均单位生产面积产量乘以本年成熟滩田生产面积而得，新滩田按设计能力及滩田成熟程度可能达到的产量计算。

**5. 海洋机动渔船** 指配置机器作为动力的从事海洋渔业生产及为海洋渔业生产服务的船舶。

**6. 远洋渔船** 按我国远洋渔业项目管理办法在非我国管辖海域（外国专属经济区水域或公海）进行常年或季节性生产的渔船。

**7. 泊位个数** 指设有系靠船舶设施，在同一时间内可供靠泊最大吨级船舶的艘数。即可靠泊一艘船舶，则计为一个泊位，余类推。泊位分码头泊位和浮筒泊位。

**8. 客房数** 指饭店实际可用于接待旅游者的房间数。

**9. 床位数** 指饭店实际可用于接待旅游者的床位数。

# Explanatory Notes on Main Statistical Indicators

**1. Mariculture Area** refers to the area of the water surface where aquatic products are cultivated by using natural seawater, including maritime culture, tidal flat culture and other cultures. Whether or not all the products in the area have been harvested or the products have not been harvested yet in the period covered by the report, the area is included in the Mariculture Area. But some tidal flats and water surfaces where none or a small amount of the young have been released and only general management is carried out are not included in the Mariculture Area.

**2. Total Area of Salt Pans** refers to the total area covered by salt pans, including the area for brine storage, evaporation, brine preservation, and crystallization, the area of ditches, moats, ponds and banks within the beach as well as beach mounds, and ditches, moats, highway beyond the beach as well as the area of miscellaneous lands.

**3. Area of Salt Pan Production** refers to the area directly provided for sea-salt productions, including the area for crystallization, evaporation and brine preservation, the area of ditches, moats, ponds and banks within the beach as well as the area of beach mounds.

**4. Year-End Capacity of Crude Salt Production** refers to the integrated and balanced capacity of all equipment of the enterprise used for crude salt production at the end of the year. As sea salt production is an open-air operation, which is subject to the effect of weather, the production capacity of a matured salt pan is calculated at the productions of the actual average unit production area in ten years times the production area of the matured salt pan in the current year. The production capacity of new salt pans is calculated at the production that may be reached in the light of the designed capacity and the level of maturity of the salt pan.

**5. Marine Motor Fishing Vessels**   refer to the vessels powered by machines going for and serving for and serving for marine fishery production.

**6. Deep Sea Fishing Vessels**   refer to the fishing vessels which carry out production all the year round or seasonally in the non-Chinese jurisdictional sea areas (foreign EEZ or high sea) according to the China Deep-Sea Fishing Projects Management Measures.

**7. Number of Berths**   refers to the spaces equipped with facilities for docking ships and the number of ships of the maximum tonnage that may dock or anchor in them. A space for a ship to dock is counted as one berth and the rest are reasoned out by analogy. Berths are divided into wharf berths and buoy berths.

**8. Number of Rooms**   refers to the number of guest rooms actually used by the hotels receiving tourists.

**9. Number of Beds**   refers to the number of beds actually used by the hotels receiving tourists.

# 5

# 海洋科学技术
Marine Science and Technology

# 5-1 分行业海洋研究与开发机构及人员（2020年）
## Marine R&D Institutions and Personnel by Industry (2020)

| 行 业<br>Industry | 机构数<br>（个）<br>Number of<br>Institutions<br>(unit) | 从业人员<br>（人）<br>Employees<br>(person) | #从事科技活动人员<br>Personnel Engaged in<br>Scientical Activities |
|---|---|---|---|
| 合 计<br>**Total** | **202** | **45402** | **41252** |
| 海洋基础科学研究<br>**Marine Basic Scientific Research** | **102** | **26119** | **24372** |
| 海洋自然科学和海洋生物医药<br>Marine Natural Science and<br>Marine Biomedicine | 47 | 19203 | 18589 |
| 海洋社会科学<br>Marine Social Science | 10 | 1762 | 1609 |
| 海洋农业科学<br>Marine Agricultural Science | 45 | 5154 | 4174 |
| 海洋工程技术研究<br>**Marine Engineering Technology Research** | **40** | **12518** | **11237** |
| 海洋化学工程技术、海洋生物工程技术和海洋能源开发技术<br>Marine Chemical Engineering Technology, Marine Bioengineering Technology and Marine Energies Development Technology | 8 | 1545 | 1400 |

注：机构为地级及以上独立核算的非企业海洋研究与开发机构（本部分其他表同）；
　　行业分类参照《海洋及相关产业分类》（GB/T 20794—2006）标准。

Note: The institutions cover the non-enterprise marine research and development institutions with
independent accounting at the prefecture level and above. The same applies to the other tables in Part 5.
Industries Classification follows the standard Classification of Marine and Marine-related Industries
(GB/T 20794—2006).

| 行 业<br>Industry | 机构数<br>（个）<br>Number of<br>Institutions<br>(unit) | 从业人员<br>（人）<br>Employees<br>(person) | #从事科技活动人员<br>Personnel Engaged in<br>Scientifical Activities |
|---|---|---|---|
| 海洋交通运输工程技术<br>Marine Communications and<br>Transport Engineering Technology | 8 | 2254 | 1951 |
| 海洋环境工程技术<br>Marine Environmental<br>Engineering Technology | 6 | 882 | 804 |
| 河口水利工程技术<br>Estuarine Water Conservancy<br>Engineering Technology | 7 | 2955 | 2352 |
| 其他海洋工程技术<br>Other Marine Engineering Technologies | 11 | 4882 | 4730 |
| 海洋技术服务业<br>**Marine Technological Service Industry** | **28** | **2443** | **2071** |
| 海洋信息服务业<br>**Marine Information Service** | **8** | **726** | **634** |
| 海洋环境监测预报服务<br>**Marine Environment Monitoring and<br>Forecasting Service** | **19** | **1862** | **1560** |
| 海洋地质勘查业<br>**Marine Geological Exploration<br>Industry** | **5** | **1734** | **1378** |

# 5-2 分行业海洋研究与开发机构R&D人员（2020年）
## R&D Personnel in Marine R&D Institutions by Industry (2020)

单位：人 (person)

| 行 业<br>Industry | R&D人员<br>R&D<br>Personnel | 博士毕业<br>Doctor | 硕士毕业<br>Master | 本科毕业<br>Undergraduate | 其他<br>Others |
|---|---|---|---|---|---|
| 合 计<br>**Total** | **46748** | **18203** | **14408** | **9974** | **4163** |
| **海洋基础科学研究**<br>**Marine Basic Scientific Research** | **33791** | **14603** | **9079** | **6800** | **3309** |
| 海洋自然科学和海洋生物医药<br>Marine Natural Science and<br>Marine Biomedicine | 29077 | 13447 | 7469 | 5412 | 2749 |
| 海洋社会科学<br>Marine Social Science | 1207 | 320 | 490 | 296 | 101 |
| 海洋农业科学<br>Marine Agricultural Science | 3507 | 836 | 1120 | 1092 | 459 |
| **海洋工程技术研究**<br>**Marine Engineering Technology**<br>**Research** | **10120** | **3066** | **4218** | **2233** | **603** |
| 海洋化学工程技术、海洋生物工程<br>技术和海洋能源开发技术<br>Marine Chemical Engineering<br>Technology, Marine Bioengineering<br>Technology and Marine Energies<br>Development Technology | 1734 | 661 | 633 | 346 | 94 |
| 海洋交通运输工程技术<br>Marine Communications and<br>Transport Engineering Technology | 826 | 174 | 463 | 183 | 6 |

| 行　业<br>Industry | R&D人员<br>R&D<br>Personnel | 博士毕业<br>Doctor | 硕士毕业<br>Master | 本科毕业<br>Undergraduate | 其他<br>Others |
|---|---|---|---|---|---|
| 海洋环境工程技术<br>Marine Environmental Engineering Technology | 581 | 162 | 285 | 107 | 27 |
| 河口水利工程技术<br>Estuarine Water Conservancy Engineering Technology | 1350 | 442 | 604 | 274 | 30 |
| 其他海洋工程技术<br>Other Marine Engineering Technologies | 5629 | 1627 | 2233 | 1323 | 446 |
| 海洋技术服务业<br>**Marine Technological Service Industry** | **1120** | **198** | **399** | **423** | **100** |
| 海洋信息服务业<br>**Marine Information Service** | **429** | **78** | **223** | **123** | **5** |
| 海洋环境监测预报服务<br>**Marine Environment Monitoring and Forecasting Service** | **487** | **124** | **202** | **117** | **44** |
| 海洋地质勘查业<br>**Marine Geological Exploration Industry** | **801** | **134** | **287** | **278** | **102** |

# 5-3 分行业海洋研究与开发机构R&D人员全时当量（2020年）
## Full-time Equivalent of R&D Personnel in Marine R&D Institutions by Industry (2020)

单位：人年　　　　　　　　　　　　　　　　　　　　　　　　　　　　　　　　　　　(man-year)

| 行　业<br>Industry | R&D人员全时当量<br>Full-time Equivalent of R&D Personnel | 基础研究<br>Basic Research | 应用研究<br>Applied Research | 试验发展<br>Experimental Development |
|---|---|---|---|---|
| 合　计<br>**Total** | **38137** | **15177** | **13346** | **9614** |
| 海洋基础科学研究<br>**Marine Basic Scientific Research** | **27572** | **12845** | **9579** | **5148** |
| 海洋自然科学和海洋生物医药<br>Marine Natural Science and Marine Biomedicine | 23812 | 12223 | 8036 | 3553 |
| 海洋社会科学<br>Marine Social Science | 801 | 67 | 553 | 181 |
| 海洋农业科学<br>Marine Agricultural Science | 2959 | 555 | 990 | 1414 |
| 海洋工程技术研究<br>**Marine Engineering Technology Research** | **8581** | **2005** | **3346** | **3230** |
| 海洋化学工程技术、海洋生物工程技术和海洋能源开发技术<br>Marine Chemical Engineering Technology, Marine Bioengineering Technology and Marine Energies Development Technology | 1623 | 245 | 949 | 429 |
| 海洋交通运输工程技术<br>Marine Communications and Transport Engineering Technology | 735 | 63 | 413 | 259 |

| 行 业<br>Industry | R&D人员全时当量<br>Intramural<br>Expenditure on<br>R&D | 基础研究<br>Basic<br>Research | 应用研究<br>Applied<br>Research | 试验发展<br>Experimental<br>Development |
|---|---|---|---|---|
| 海洋环境工程技术<br>Marine Environmental<br>Engineering Technology | 477 | 153 | 131 | 193 |
| 河口水利工程技术<br>Estuarine Water Conservancy<br>Engineering Technology | 914 | 133 | 524 | 257 |
| 其他海洋工程技术<br>Other Marine Engineering<br>Technologies | 4832 | 1411 | 1329 | 2092 |
| 海洋技术服务业<br>**Marine Technological Service Industry** | **641** | **83** | **234** | **324** |
| 海洋信息服务业<br>**Marine Information Service** | **329** | **28** | **87** | **214** |
| 海洋环境监测预报服务<br>**Marine Environment<br>Monitoring and Forecasting Service** | **233** | **42** | **86** | **105** |
| 海洋地质勘查业<br>**Marine Geological Exploration<br>Industry** | **781** | **174** | **14** | **593** |

## 5-4 分行业按活动类型分海洋研究与开发机构
## R&D经费内部支出（2020年）
## Intramural Expenditure on R&D of Marine R&D Institutions
## by Activities Type by Industry (2020)

单位：万元 (10000 yuan)

| 行 业<br>Industry | R&D经费内部支出<br>Intramural Expenditure on R&D | 基础研究<br>Basic Research | 应用研究<br>Applied Research | 试验发展<br>Experimental Development |
|---|---|---|---|---|
| 合 计<br>**Total** | **2721141** | **893155** | **1037711** | **790276** |
| 海洋基础科学研究<br>**Marine Basic Scientific Research** | **1860769** | **743916** | **776263** | **340590** |
| 海洋自然科学和海洋生物医药<br>Marine Natural Science and Marine Biomedicine | 1672838 | 715225 | 701962 | 255652 |
| 海洋社会科学<br>Marine Social Science | 35133 | 2526 | 21280 | 11327 |
| 海洋农业科学<br>Marine Agricultural Science | 152798 | 26166 | 53021 | 73611 |
| 海洋工程技术研究<br>**Marine Engineering Technology Research** | **622985** | **111653** | **237238** | **274094** |
| 海洋化学工程技术、海洋生物工程技术和海洋能源开发技术<br>Marine Chemical Engineering Technology, Marine Bioengineering Technology and Marine Energies Development Technology | 71609 | 14854 | 38923 | 17832 |
| 海洋交通运输工程技术<br>Marine Communications and Transport Engineering Technology | 27505 | 696 | 14155 | 12654 |

| 行　业<br>Industry | R&D经费内部支出<br>Intramural<br>Expenditure on<br>R&D | 基础研究<br>Basic<br>Research | 应用研究<br>Applied<br>Research | 试验发展<br>Experimental<br>Development |
|---|---|---|---|---|
| 海洋环境工程技术<br>Marine Environmental<br>Engineering Technology | 28995 | 3966 | 9263 | 15767 |
| 河口水利工程技术<br>Estuarine Water Conservancy<br>Engineering Technology | 60490 | 9040 | 31040 | 20410 |
| 其他海洋工程技术<br>Other Marine Engineering<br>Technologies | 434386 | 83098 | 143857 | 207432 |
| **海洋技术服务业**<br>**Marine Technological Service Industry** | **29382** | **4215** | **13122** | **12046** |
| **海洋信息服务业**<br>**Marine Information Service** | **20777** | **1569** | **6372** | **12835** |
| **海洋环境监测预报服务**<br>**Marine Environment<br>Monitoring and Forecasting Service** | **10466** | **1218** | **4420** | **4828** |
| **海洋地质勘查业**<br>**Marine Geological Exploration<br>Industry** | **176762** | **30583** | **296** | **145883** |

## 5-5 分行业按支出类别分海洋研究与开发机构
## R&D经费内部支出（2020年）

# Intramural Expenditure on R&D of Marine R&D Institutions
# by Expenditure Category by Industry (2020)

单位：万元 (10000 yuan)

| 行 业<br>Industry | R&D经费内部支出<br>Intramural Expenditure on R&D | | | |
|---|---|---|---|---|
| | 日常性支出<br>Routine<br>Expenditure | #人员劳务费<br>Labor Cost | 资产性支出<br>Assets<br>Expenditure | #仪器与设备<br>支出 |
| 合 计<br>**Total** | **2155341** | **860201** | **565800** | **352631** |
| 海洋基础科学研究<br>**Marine Basic Scientific Research** | **1490498** | **630461** | **370270** | **294424** |
| 海洋自然科学和海洋生物医药<br>Marine Natural Science and<br>Marine Biomedicine | 1330188 | 546040 | 342650 | 278131 |
| 海洋社会科学<br>Marine Social Science | 28697 | 15663 | 6435 | 720 |
| 海洋农业科学<br>Marine Agricultural Science | 131613 | 68758 | 21185 | 15574 |
| 海洋工程技术研究<br>**Marine Engineering Technology Research** | **554132** | **180112** | **68853** | **47805** |
| 海洋化学工程技术、海洋生物工程<br>技术和海洋能源开发技术<br>Marine Chemical Engineering<br>Technology, Marine Bioengineering<br>Technology and Marine Energies | 57705 | 29675 | 13904 | 9689 |
| 海洋交通运输工程技术<br>Marine Communications and<br>Transport Engineering Technology | 25910 | 17161 | 1595 | 1080 |

| 行 业<br>Industry | R&D经费内部支出<br>Intramural Expenditure on R&D | | | |
|---|---|---|---|---|
| | 日常性支出<br>Routine<br>Expenditure | #人员劳务费<br>Labor Cost | 资产性支出<br>Assets<br>Expenditure | #仪器与设备<br>支出<br>Equipment |
| 海洋环境工程技术<br>Marine Environmental Engineering<br>Technology | 24578 | 14363 | 4417 | 3574 |
| 河口水利工程技术<br>Estuarine Water Conservancy<br>Engineering Technology | 54202 | 28595 | 6289 | 4188 |
| 其他海洋工程技术<br>Other Marine Engineering<br>Technologies | 391737 | 90318 | 42649 | 29274 |
| 海洋技术服务业<br>**Marine Technological Service Industry** | **24013** | **13710** | **5369** | **1500** |
| 海洋信息服务业<br>**Marine Information Service** | **17157** | **8845** | **3620** | **2768** |
| 海洋环境监测预报服务<br>**Marine Environment Monitoring and<br>Forecasting Service** | **8980** | **5768** | **1487** | **1414** |
| 海洋地质勘查业<br>**Marine Geological Exploration Industry** | **60561** | **21305** | **116201** | **4720** |

# 5-6 分行业按经费来源分海洋研究与开发机构
## R&D 经费内部支出（2020年）
# Intramural Expenditure on R&D of Marine R&D Institutions
## by Source of Funds by Industry (2020)

单位：万元 (10000 yuan)

| 行业<br>Industry | R&D经费内部支出<br>Intramural Expenditure on R&D | | | | |
|---|---|---|---|---|---|
| | 政府资金<br>Government<br>Funds | 企业资金<br>Self-raised<br>Funds by<br>Enterprises | 事业单位<br>资金<br>Public<br>Institution<br>Funds | 国外<br>资金<br>Foreign<br>Funds | 其他资金<br>Other<br>Funds |
| 合 计<br>**Total** | **2432253** | **206263** | **69254** | **4065** | **9307** |
| 海洋基础科学研究<br>**Marine Basic Scientific Research** | **1683741** | **118074** | **52275** | **3918** | **2760** |
| 海洋自然科学和海洋生物医药<br>Marine Natural Science and<br>Marine Biomedicine | 1522326 | 110724 | 33533 | 3788 | 2467 |
| 海洋社会科学<br>Marine Social Science | 28752 | 4923 | 1458 | 0 | 0 |
| 海洋农业科学<br>Marine Agricultural Science | 132663 | 2427 | 17285 | 131 | 293 |
| 海洋工程技术研究<br>**Marine Engineering Technology<br>Research** | **517444** | **85894** | **13983** | **147** | **5518** |
| 海洋化学工程技术、海洋生物工程<br>技术和海洋能源开发技术<br>Marine Chemical Engineering<br>Technology, Marine Bioengineering<br>Technology and Marine Energies<br>Development Technology | 63646 | 6807 | 1010 | 147 | 0 |
| 海洋交通运输工程技术<br>Marine Communications and<br>Transport Engineering Technology | 11767 | 12680 | 3057 | 0 | 0 |

| 行　业<br>Industry | R&D经费内部支出<br>Intramural Expenditure on R&D | | | | |
|---|---|---|---|---|---|
| | 政府资金<br>Government<br>Funds | 企业资金<br>Self-raised<br>Funds by<br>Enterprises | 事业单位<br>资金<br>Public<br>Institution<br>Funds | 国外<br>资金<br>Foreign<br>Funds | 其他资金<br>Other<br>Funds |
| 海洋环境工程技术<br>Marine Environmental Engineering<br>Technology | 22411 | 5854 | 730 | 0 | 0 |
| 河口水利工程技术<br>Estuarine Water Conservancy<br>Engineering Technology | 37990 | 10247 | 6735 | 0 | 5518 |
| 其他海洋工程技术<br>Other Marine Engineering<br>Technologies | 381630 | 50306 | 2450 | 0 | 0 |
| **海洋技术服务业**<br>**Marine Technological Service Industry** | **27259** | **898** | **1225** | **0** | **0** |
| **海洋信息服务业**<br>**Marine Information Service** | **17637** | **1397** | **1743** | **0** | **0** |
| **海洋环境监测预报服务**<br>**Marine Environment Monitoring and**<br>**Forecasting Service** | **9431** | **0** | **7** | **0** | **1029** |
| **海洋地质勘查业**<br>**Marine Geological Exploration**<br>**Industry** | **176742** | **0** | **20** | **0** | **0** |

# 5-7 分行业海洋研究与开发机构R&D经费外部支出（2020年）

## External Expenditure on R&D of Marine R&D Institutions by Industry (2020)

单位：万元 (10000 yuan)

| 行 业<br>Industry | R&D经费<br>外部支出<br>External<br>Expenditure<br>on R&D | #对境内研究机构<br>支出<br>to Domestic<br>Research<br>Institutions | #对境内高等<br>学校支出<br>to Domestic<br>Higher<br>Education | #对境内企业<br>支出<br>to Domestic<br>Enterprises |
|---|---|---|---|---|
| 合 计<br>**Total** | **168100** | **57228** | **68338** | **36776** |
| 海洋基础科学研究<br>**Marine Basic Scientific Research** | **71137** | **36252** | **24035** | **5138** |
| 海洋自然科学和海洋生物医药<br>Marine Natural Science and<br>Marine Biomedicine | 51884 | 21399 | 22210 | 3264 |
| 海洋社会科学<br>Marine Social Science | 1989 | 404 | 863 | 722 |
| 海洋农业科学<br>Marine Agricultural Science | 17265 | 14449 | 962 | 1152 |
| 海洋工程技术研究<br>**Marine Engineering Technology Research** | **4283** | **968** | **443** | **2858** |
| 海洋化学工程技术、海洋生物工程<br>技术和海洋能源开发技术<br>Marine Chemical Engineering<br>Technology, Marine Bioengineering<br>Technology and Marine Energies<br>Development Technology | 240 | 240 | 0 | 0 |
| 海洋交通运输工程技术<br>Marine Communications and<br>Transport Engineering Technology | 3605 | 693 | 357 | 2542 |

| 行 业<br>Industry | R&D经费<br>外部支出<br>External<br>Expenditure<br>on R&D | #对境内研究机构<br>支出<br>to Domestic<br>Research<br>Institutions | #对境内高等<br>学校支出<br>to Domestic<br>Higher<br>Education | #对境内企业<br>支出<br>to Domestic<br>Enterprises |
|---|---|---|---|---|
| 海洋环境工程技术<br>Marine Environmental Engineering<br>Technology | 0 | 0 | 0 | 0 |
| 河口水利工程技术<br>Estuarine Water Conservancy<br>Engineering Technology | 0 | 0 | 0 | 0 |
| 其他海洋工程技术<br>Other Marine Engineering<br>Technologies | 437 | 35 | 86 | 316 |
| 海洋技术服务业<br>**Marine Technological Service Industry** | **886** | **327** | **54** | **498** |
| 海洋信息服务业<br>**Marine Information Service** | **0** | **0** | **0** | **0** |
| 海洋环境监测预报服务<br>**Marine Environment Monitoring and<br>Forecasting Service** | **617** | **535** | **42** | **17** |
| 海洋地质勘查业<br>**Marine Geological Exploration<br>Industry** | **91177** | **19147** | **43765** | **28265** |

# 5-8 分行业海洋研究与开发机构R&D课题（2020年）
## R&D Projects of Marine R&D Institutions by Industry (2020)

| 行 业<br>Industry | R&D课题数<br>（项）<br>R&D Projects<br>(item) | 投入人员<br>（人年）<br>Input of Personnel<br>(man-year) | 投入经费<br>（万元）<br>Input of Funds<br>(10000 yuan) |
|---|---|---|---|
| 合 计<br>**Total** | **19694** | **31323** | **1474363** |
| 海洋基础科学研究<br>**Marine Basic Scientific Research** | **15447** | **22509** | **989826** |
| 海洋自然科学和海洋生物医药<br>Marine Natural Science and<br>Marine Biomedicine | 13210 | 19406 | 906400 |
| 海洋社会科学<br>Marine Social Science | 541 | 625 | 11142 |
| 海洋农业科学<br>Marine Agricultural Science | 1696 | 2477 | 72283 |
| 海洋工程技术研究<br>**Marine Engineering Technology<br>Research** | **3735** | **7124** | **426220** |
| 海洋化学工程技术、海洋生物工程<br>技术和海洋能源开发技术<br>Marine Chemical Engineering<br>Technology, Marine Bioengineering<br>Technology and Marine Energies<br>Development Technology | 884 | 1477 | 42173 |
| 海洋交通运输工程技术<br>Marine Communications and<br>Transport Engineering Technology | 595 | 624 | 23552 |

| 行 业<br>Industry | R&D课题数<br>（项）<br>R&D Projects<br>(item) | 投入人员<br>（人年）<br>Input of Personnel<br>(man-year) | 投入经费<br>（万元）<br>Input of Funds<br>(10000 yuan) |
|---|---|---|---|
| 海洋环境工程技术<br>Marine Environmental<br>Engineering Technology | 82 | 414 | 11064 |
| 河口水利工程技术<br>Estuarine Water Conservancy<br>Engineering Technology | 551 | 859 | 26134 |
| 其他海洋工程技术<br>Other Marine Engineering<br>Technologies | 1623 | 3750 | 323298 |
| **海洋技术服务业**<br>**Marine Technological Service Industry** | **325** | **542** | **12018** |
| **海洋信息服务业**<br>**Marine Information Service** | **83** | **232** | **9388** |
| **海洋环境监测预报服务**<br>**Marine Environment**<br>**Monitoring and Forecasting Service** | **77** | **212** | **1891** |
| **海洋地质勘查业**<br>**Marine Geological Exploration**<br>**Industry** | **27** | **705** | **35021** |

## 5-9 分行业海洋研究与开发机构科技论著（2020年）
### Scientific and Technological Papers and Works of Marine R&D Institutions by Industry (2020)

| 行　业<br>Industry | 发表科技论文<br>（篇）<br>Scientific Papers<br>Issued<br>(piece) | #国内发表<br>Published<br>in China | 出版科技著作<br>（种）<br>Publication on<br>Science and<br>Technology<br>(kind) |
|---|---|---|---|
| 合　计<br>**Total** | **26495** | **15234** | **549** |
| 海洋基础科学研究<br>**Marine Basic Scientific Research** | **20565** | **12637** | **346** |
| 海洋自然科学和海洋生物医药<br>Marine Natural Science and<br>Marine Biomedicine | 17373 | 12162 | 207 |
| 海洋社会科学<br>Marine Social Science | 1228 | 64 | 94 |
| 海洋农业科学<br>Marine Agricultural Science | 1964 | 411 | 45 |
| 海洋工程技术研究<br>**Marine Engineering Technology<br>Research** | **5163** | **2427** | **186** |
| 海洋化学工程技术、海洋生物工程<br>技术和海洋能源开发技术<br>Marine Chemical Engineering<br>Technology, Marine Bioengineering<br>Technology and Marine Energies<br>Development Technology | 967 | 555 | 14 |
| 海洋交通运输工程技术<br>Marine Communications and<br>Transport Engineering Technology | 1002 | 184 | 84 |

| 行 业<br>Industry | 发表科技论文<br>（篇）<br>Scientific Papers<br>Issued<br>(piece) | #国内发表<br>Published<br>in China | 出版科技著作<br>（种）<br>Publication on<br>Science and<br>Technology<br>(kind) |
|---|---|---|---|
| 海洋环境工程技术<br>Marine Environmental Engineering<br>Technology | 210 | 40 | 1 |
| 河口水利工程技术<br>Estuarine Water Conservancy<br>Engineering Technology | 1004 | 217 | 77 |
| 其他海洋工程技术<br>Other Marine Engineering<br>Technologies | 1980 | 1431 | 10 |
| 海洋技术服务业<br>**Marine Technological Service Industry** | **339** | **65** | **4** |
| 海洋信息服务业<br>**Marine Information Service** | **97** | **30** | **6** |
| 海洋环境监测预报服务<br>**Marine Environment Monitoring and<br>Forecasting Service** | **150** | **36** | **3** |
| 海洋地质勘查业<br>**Marine Geological Exploration<br>Industry** | **181** | **39** | **4** |

# 5-10 分行业海洋研究与开发机构专利（2020年）
## Scientific and Technological Patents of Marine R&D Institutions by Industry (2020)

| 行 业<br>Industry | 专利申请受理数<br>（件）<br>Number of Patent Applications Accepted (piece) | #发明专利<br>Inventions | 专利授权数<br>（件）<br>Number of Patents Granted (piece) | #发明专利<br>Inventions |
|---|---|---|---|---|
| 合　计<br>**Total** | **7559** | **5670** | **5282** | **3267** |
| **海洋基础科学研究**<br>**Marine Basic Scientific Research** | **4430** | **3405** | **3168** | **2006** |
| 海洋自然科学和海洋生物医药<br>Marine Natural Science and Marine Biomedicine | 3567 | 2753 | 2512 | 1703 |
| 海洋社会科学<br>Marine Social Science | 90 | 66 | 54 | 26 |
| 海洋农业科学<br>Marine Agricultural Science | 773 | 586 | 602 | 277 |
| **海洋工程技术研究**<br>**Marine Engineering Technology Research** | **2901** | **2103** | **1987** | **1219** |
| 海洋化学工程技术、海洋生物工程技术和海洋能源开发技术<br>Marine Chemical Engineering Technology, Marine Bioengineering Technology and Marine Energies Development Technology | 543 | 483 | 280 | 212 |
| 海洋交通运输工程技术<br>Marine Communications and Transport Engineering Technology | 416 | 121 | 244 | 48 |

| 行 业<br>Industry | 专利申请受理数<br>（件）<br>Number of<br>Patent<br>Applications<br>Accepted<br>(piece) | #发明专利<br>Inventions | 专利授权数<br>（件）<br>Number of<br>Patents<br>Granted<br>(piece) | #发明专利<br>Inventions |
|---|---|---|---|---|
| 海洋环境工程技术<br>Marine Environmental Engineering Technology | 58 | 24 | 49 | 21 |
| 河口水利工程技术<br>Estuarine Water Conservancy Engineering Technology | 600 | 382 | 607 | 320 |
| 其他海洋工程技术<br>Other Marine Engineering Technologies | 1284 | 1093 | 807 | 618 |
| 海洋技术服务业<br>**Marine Technological Service Industry** | **95** | **56** | **54** | **20** |
| 海洋信息服务业<br>**Marine Information Service** | **25** | **24** | **2** | **2** |
| 海洋环境监测预报服务<br>**Marine Environment Monitoring and Forecasting Service** | **20** | **17** | **9** | **3** |
| 海洋地质勘查业<br>**Marine Geological Exploration Industry** | **88** | **65** | **62** | **17** |

| 行 业<br>Industry | 有效发明专利<br>（件）<br>Patent in Force<br>(piece) | 专利所有权转让<br>及许可数<br>（件）<br>Number of Transfer<br>and Licensing of<br>Patent Ownership<br>(piece) | 专利所有权转让<br>及许可收入<br>（万元）<br>Revenue from<br>Transfer and<br>Licensing of Patent<br>Ownership<br>(10000 yuan) |
|---|---|---|---|
| 合 计<br>**Total** | **19940** | **488** | **40301** |
| 海洋基础科学研究<br>**Marine Basic Scientific Research** | **13570** | **413** | **23480** |
| 海洋自然科学和海洋生物医药<br>Marine Natural Science and<br>Marine Biomedicine | 10509 | 354 | 23318 |
| 海洋社会科学<br>Marine Social Science | 94 | 0 | 0 |
| 海洋农业科学<br>Marine Agricultural Science | 2967 | 59 | 162 |
| 海洋工程技术研究<br>**Marine Engineering Technology<br>Research** | **5896** | **73** | **16790** |
| 海洋化学工程技术、海洋生物工程<br>技术和海洋能源开发技术<br>Marine Chemical Engineering<br>Technology, Marine Bioengineering<br>Technology and Marine Energies<br>Development Technology | 1248 | 17 | 615 |
| 海洋交通运输工程技术<br>Marine Communications and<br>Transport Engineering Technology | 336 | 0 | 0 |

| 行 业<br>Industry | 有效发明专利<br>（件）<br>Patent in Force<br>(piece) | 专利所有权转让<br>及许可数<br>（件）<br>Number of Transfer<br>and Licensing of<br>Patent Ownership<br>(piece) | 专利所有权转让<br>及许可收入<br>（万元）<br>Revenue from<br>Transfer and<br>Licensing of Patent<br>Ownership<br>(10000 yuan) |
|---|---|---|---|
| 海洋环境工程技术<br>Marine Environmental Engineering<br>Technology | 29 | 0 | 0 |
| 河口水利工程技术<br>Estuarine Water Conservancy<br>Engineering Technology | 1164 | 0 | 0 |
| 其他海洋工程技术<br>Other Marine Engineering Technologies | 3119 | 56 | 16175 |
| 海洋技术服务业<br>**Marine Technological Service Industry** | **318** | **1** | **2** |
| 海洋信息服务业<br>**Marine Information Service** | **22** | **0** | **0** |
| 海洋环境监测预报服务<br>**Marine Environment Monitoring and<br>Forecasting Service** | **41** | **0** | **0** |
| 海洋地质勘查业<br>**Marine Geological Exploration<br>Industry** | **93** | **1** | **30** |

## 5-11 分行业海洋研究与开发机构形成标准和
## 软件著作权（2020年）

# Standards and Software Copyrights of Marine R&D Institutions
# by Industry (2020)

| 行　业<br>Industry | 形成国家和行业标准数<br>（项）<br>Number of National and<br>Industrial Standards<br>(item) | 软件著作权数<br>（件）<br>Number of Software<br>Copyrights<br>(piece) |
|---|---|---|
| 合　计<br>**Total** | **227** | **1522** |
| 海洋基础科学研究<br>**Marine Basic Scientific Research** | **68** | **915** |
| 海洋自然科学和海洋生物医药<br>Marine Natural Science and<br>Marine Biomedicine | 26 | 712 |
| 海洋社会科学<br>Marine Social Science | 0 | 13 |
| 海洋农业科学<br>Marine Agricultural Science | 42 | 190 |
| 海洋工程技术研究<br>**Marine Engineering Technology<br>Research** | **124** | **521** |
| 海洋化学工程技术、海洋生物工程<br>技术和海洋能源开发技术<br>Marine Chemical Engineering<br>Technology, Marine Bioengineering<br>Technology and Marine Energies<br>Development Technology | 8 | 6 |
| 海洋交通运输工程技术<br>Marine Communications and<br>Transport Engineering Technology | 66 | 146 |

| 行 业<br>Industry | 形成国家和行业标准数<br>（项）<br>Number of National and<br>Industrial Standards<br>(item) | 软件著作权数<br>（件）<br>Number of Software<br>Copyrights<br>(piece) |
|---|---|---|
| 海洋环境工程技术<br>Marine Environmental Engineering<br>Technology | 9 | 24 |
| 河口水利工程技术<br>Estuarine Water Conservancy<br>Engineering Technology | 38 | 220 |
| 其他海洋工程技术<br>Other Marine Engineering<br>Technologies | 3 | 105 |
| 海洋技术服务业<br>**Marine Technological Service Industry** | **7** | **27** |
| 海洋信息服务业<br>**Marine Information Service** | **18** | **29** |
| 海洋环境监测预报服务<br>**Marine Environment Monitoring and**<br>**Forecasting Service** | **10** | **11** |
| 海洋地质勘查业<br>**Marine Geological Exploration**<br>**Industry** | **0** | **19** |

# 5-12 分地区海洋研究与开发机构及人员（2020年）
# Marine R&D Institutions and Personnel by Region (2020)

| 行 业<br>Industry | 机构数<br>（个）<br>Number of Institutions<br>(unit) | 从业人员<br>（人）<br>Employees<br>(person) | #从事科技活动人员<br>Personnel Engaged in<br>Scientical Activities |
|---|---|---|---|
| 合 计<br>**Total** | **202** | **45402** | **41252** |
| 北 京<br>Beijing | 16 | 7838 | 7033 |
| 天 津<br>Tianjin | 11 | 1978 | 1835 |
| 河 北<br>Hebei | 10 | 1633 | 1440 |
| 辽 宁<br>Liaoning | 7 | 2596 | 2504 |
| 上 海<br>Shanghai | 17 | 5297 | 4859 |
| 江 苏<br>Jiangsu | 10 | 2105 | 1881 |
| 浙 江<br>Zhejiang | 18 | 2856 | 2520 |
| 福 建<br>Fujian | 16 | 1206 | 1060 |
| 山 东<br>Shandong | 31 | 6338 | 5619 |
| 广 东<br>Guangdong | 40 | 7808 | 7120 |
| 广 西<br>Guangxi | 12 | 1111 | 917 |
| 海 南<br>Hainan | 10 | 940 | 795 |
| 其 他<br>Others | 4 | 3696 | 3669 |

# 5-13 分地区海洋研究与开发机构R&D人员（2020年）
# R&D Personnel in Marine R&D Institutions by Region (2020)

单位：人 (person)

| 行　业<br>Industry | R&D人员<br>R&D Personnel | 博士毕业<br>Doctor | 硕士毕业<br>Master | 本科毕业<br>Under-graduate | 其他<br>Others |
|---|---|---|---|---|---|
| 合　计<br>**Total** | **46748** | **18203** | **14408** | **9974** | **4163** |
| 北　京<br>Beijing | 8544 | 4330 | 2166 | 1197 | 851 |
| 天　津<br>Tianjin | 1298 | 233 | 630 | 386 | 49 |
| 河　北<br>Hebei | 752 | 134 | 315 | 209 | 94 |
| 辽　宁<br>Liaoning | 2289 | 435 | 1125 | 630 | 99 |
| 上　海<br>Shanghai | 5885 | 1546 | 1408 | 1990 | 941 |
| 江　苏<br>Jiangsu | 2338 | 951 | 622 | 400 | 365 |
| 浙　江<br>Zhejiang | 1549 | 402 | 596 | 447 | 104 |
| 福　建<br>Fujian | 821 | 218 | 354 | 200 | 49 |
| 山　东<br>Shandong | 7750 | 3679 | 2282 | 1440 | 349 |
| 广　东<br>Guangdong | 8923 | 4070 | 2592 | 1602 | 659 |
| 广　西<br>Guangxi | 555 | 103 | 257 | 182 | 13 |
| 海　南<br>Hainan | 810 | 173 | 360 | 190 | 87 |
| 其　他<br>Others | 5234 | 1929 | 1701 | 1101 | 503 |

# 5-14 分地区海洋研究与开发机构R&D人员全时当量（2020年）

## Full-time Equivalent of R&D Personnel in Marine R&D Institutions by Region (2020)

单位：人年 (man-year)

| 行业<br>Industry | R&D人员全时当量<br>Full-time Equivalent<br>of R&D Personnel | 基础研究<br>Basic<br>Research | 应用研究<br>Applied<br>Research | 试验发展<br>Experimental<br>Development |
|---|---|---|---|---|
| 合 计<br>Total | 38137 | 15177 | 13346 | 9614 |
| 北 京<br>Beijing | 7346 | 3875 | 2944 | 527 |
| 天 津<br>Tianjin | 1043 | 34 | 255 | 754 |
| 河 北<br>Hebei | 638 | 235 | 290 | 113 |
| 辽 宁<br>Liaoning | 1688 | 278 | 989 | 421 |
| 上 海<br>Shanghai | 4131 | 1184 | 2216 | 731 |
| 江 苏<br>Jiangsu | 1780 | 894 | 339 | 547 |
| 浙 江<br>Zhejiang | 1120 | 207 | 418 | 495 |
| 福 建<br>Fujian | 773 | 271 | 381 | 121 |
| 山 东<br>Shandong | 6770 | 2843 | 2097 | 1830 |
| 广 东<br>Guangdong | 7075 | 2863 | 2313 | 1899 |
| 广 西<br>Guangxi | 442 | 122 | 190 | 130 |
| 海 南<br>Hainan | 725 | 392 | 115 | 218 |
| 其 他<br>Others | 4606 | 1979 | 799 | 1828 |

# 5-15 分地区按活动类型分海洋研究与开发机构
## R&D经费内部支出（2020年）
# Intramural Expenditure on R&D of Marine R&D Institutions
## by Activities Type by Region (2020)

单位：万元 (10000 yuan)

| 行　业<br>Industry | R&D经费内部支出<br>Intramural<br>Expenditure on R&D | 基础研究<br>Basic Research | 应用研究<br>Applied Research | 试验发展<br>Experimental Development |
|---|---|---|---|---|
| 合　计<br>**Total** | **2721141** | **893155** | **1037711** | **790276** |
| 北　京<br>Beijing | 492167 | 286904 | 185963 | 19300 |
| 天　津<br>Tianjin | 67066 | 1744 | 16015 | 49307 |
| 河　北<br>Hebei | 27382 | 2223 | 21519 | 3640 |
| 辽　宁<br>Liaoning | 156390 | 5700 | 130673 | 20017 |
| 上　海<br>Shanghai | 419030 | 75136 | 291901 | 51994 |
| 江　苏<br>Jiangsu | 128293 | 56838 | 28111 | 43345 |
| 浙　江<br>Zhejiang | 81906 | 13563 | 36889 | 31454 |
| 福　建<br>Fujian | 60119 | 7341 | 42798 | 9980 |
| 山　东<br>Shandong | 274055 | 106429 | 96264 | 71363 |
| 广　东<br>Guangdong | 529782 | 183165 | 124294 | 222323 |
| 广　西<br>Guangxi | 17128 | 2611 | 7596 | 6922 |
| 海　南<br>Hainan | 108684 | 33728 | 24466 | 50489 |
| 其　他<br>Others | 359140 | 117773 | 31224 | 210143 |

# 5-16 分地区按支出类型分海洋研究与开发机构
## R&D经费内部支出（2020年）
# Intramural Expenditure on R&D of Marine R&D Institutions
## by Expenditure Category by Region (2020)

单位：万元 (10000 yuan)

| 行　业<br>Industry | R&D经费内部支出<br>Intramural Expenditure on R&D | | | |
|---|---|---|---|---|
| | 日常性支出<br>Routine Expenditure | #人员劳务费<br>Labor Cost | 资产性支出<br>Assets Expenditure | #仪器与设备支出<br>Equipment |
| 合　计<br>Total | **2155341** | **860201** | **565800** | **352631** |
| 北　京<br>Beijing | 417964 | 173615 | 74203 | 49822 |
| 天　津<br>Tianjin | 57980 | 31866 | 9086 | 6875 |
| 河　北<br>Hebei | 24058 | 10567 | 3324 | 2620 |
| 辽　宁<br>Liaoning | 142002 | 43466 | 14388 | 8056 |
| 上　海<br>Shanghai | 355369 | 123554 | 63661 | 55492 |
| 江　苏<br>Jiangsu | 113132 | 65822 | 15161 | 11511 |
| 浙　江<br>Zhejiang | 64289 | 32488 | 17618 | 9692 |
| 福　建<br>Fujian | 45700 | 26218 | 14418 | 9988 |
| 山　东<br>Shandong | 214628 | 100653 | 59427 | 43723 |
| 广　东<br>Guangdong | 334954 | 147181 | 194828 | 68469 |
| 广　西<br>Guangxi | 13857 | 7395 | 3271 | 1790 |
| 海　南<br>Hainan | 53709 | 19021 | 54974 | 51974 |
| 其　他<br>Others | 317699 | 78355 | 41441 | 32620 |

# 5-17 分地区按经费来源分海洋研究与开发机构
## R&D经费内部支出（2020年）
# Intramural Expenditure on R&D of Marine R&D Institutions
## by Source of Funds by Region (2020)

单位：万元 （10000 yuan）

| 行 业<br>Industry | R&D经费内部支出<br>Intramural Expenditure on R&D | | | | |
|---|---|---|---|---|---|
| | 政府资金<br>Government<br>Funds | 企业资金<br>Self-raised Funds<br>by Enterprises | 事业单位资金<br>Public Institution<br>Funds | 国外资金<br>Foreign Funds | 其他资金<br>Other Funds |
| 合 计<br>**Total** | **2432253** | **206263** | **69254** | **4065** | **9307** |
| 北 京<br>Beijing | 457130 | 26304 | 2548 | 1413 | 4772 |
| 天 津<br>Tianjin | 50964 | 13913 | 1152 | 0 | 1038 |
| 河 北<br>Hebei | 27157 | 114 | 111 | 0 | 1 |
| 辽 宁<br>Liaoning | 110316 | 45967 | 84 | 0 | 24 |
| 上 海<br>Shanghai | 357328 | 39130 | 21533 | 799 | 240 |
| 江 苏<br>Jiangsu | 97222 | 15893 | 14206 | 465 | 507 |
| 浙 江<br>Zhejiang | 71658 | 5964 | 4284 | 0 | 0 |
| 福 建<br>Fujian | 47587 | 10682 | 1719 | 0 | 131 |
| 山 东<br>Shandong | 246071 | 11042 | 16452 | 461 | 29 |
| 广 东<br>Guangdong | 500617 | 22550 | 5252 | 334 | 1029 |
| 广 西<br>Guangxi | 15835 | 1074 | 0 | 0 | 219 |
| 海 南<br>Hainan | 106023 | 391 | 952 | 0 | 1318 |
| 其 他<br>Others | 344347 | 13238 | 963 | 592 | 0 |

# 5-18 分地区海洋研究与开发机构R&D经费
## 外部支出（2020年）
# External Expenditure on R&D of Marine R&D Institutions
## by Region (2020)

单位：万元 (10000 yuan)

| 行　业<br>Industry | R&D 经费外部支出<br>External Expenditure<br>on R&D | #对境内研究<br>机构支出<br>to Domestic<br>Research Institutions | #对境内企业<br>支出<br>to Domestic<br>Enterprises | 对境外机构<br>支出<br>to Foreign<br>Institutions |
|---|---|---|---|---|
| 合　计<br>**Total** | **168100** | **57228** | **68338** | **36776** |
| 北　京<br>Beijing | 21123 | 7562 | 5203 | 3101 |
| 天　津<br>Tianjin | 0 | 0 | 0 | 0 |
| 河　北<br>Hebei | 1 | 1 | 0 | 0 |
| 辽　宁<br>Liaoning | 0 | 0 | 0 | 0 |
| 上　海<br>Shanghai | 6443 | 5696 | 640 | 107 |
| 江　苏<br>Jiangsu | 0 | 0 | 0 | 0 |
| 浙　江<br>Zhejiang | 5816 | 1920 | 3156 | 740 |
| 福　建<br>Fujian | 1464 | 293 | 439 | 732 |
| 山　东<br>Shandong | 14082 | 11372 | 2271 | 420 |
| 广　东<br>Guangdong | 114268 | 27788 | 55386 | 30854 |
| 广　西<br>Guangxi | 152 | 87 | 0 | 65 |
| 海　南<br>Hainan | 0 | 0 | 0 | 0 |
| 其　他<br>Others | 4750 | 2511 | 1244 | 758 |

# 5-19 分地区海洋研究与开发机构R&D课题（2020年）
## R&D Projects of Marine R&D Institutions by Region (2020)

| 地 区<br>Region | R&D课题数<br>（项）<br>R&D Projects<br>(item) | 投入人员<br>（人年）<br>Input of Personnel<br>(man-year) | 投入经费<br>（万元）<br>Input of Funds<br>(10000 yuan) |
|---|---|---|---|
| 合 计<br>**Total** | **19694** | **31323** | **1474363** |
| 北 京<br>Beijing | 4459 | 5306 | 243712 |
| 天 津<br>Tianjin | 426 | 809 | 35046 |
| 河 北<br>Hebei | 187 | 489 | 10018 |
| 辽 宁<br>Liaoning | 416 | 1261 | 98969 |
| 上 海<br>Shanghai | 2094 | 3726 | 263571 |
| 江 苏<br>Jiangsu | 1905 | 1495 | 75748 |
| 浙 江<br>Zhejiang | 670 | 979 | 47652 |
| 福 建<br>Fujian | 718 | 727 | 34631 |
| 山 东<br>Shandong | 2937 | 5738 | 117508 |
| 广 东<br>Guangdong | 2957 | 6355 | 229835 |
| 广 西<br>Guangxi | 205 | 330 | 7546 |
| 海 南<br>Hainan | 369 | 631 | 31715 |
| 其 他<br>Others | 2351 | 3478 | 278413 |

# 5-20 分地区海洋研究与开发机构科技论著（2020年）
## Scientific and Technological Papers and Works of Marine R&D Institutions by Region (2020)

| 地 区<br>Region | 发表科技论文<br>（篇）<br>Scientific Papers Issued<br>(piece) | #国内发表<br>Published in China | 出版科技著作<br>（种）<br>Publication on Science and Technology<br>(kind) |
|---|---|---|---|
| 合 计<br>**Total** | **26495** | **15234** | **549** |
| 北 京<br>Beijing | 6621 | 4082 | 156 |
| 天 津<br>Tianjin | 523 | 118 | 33 |
| 河 北<br>Hebei | 610 | 50 | 43 |
| 辽 宁<br>Liaoning | 513 | 203 | 4 |
| 上 海<br>Shanghai | 1622 | 750 | 15 |
| 江 苏<br>Jiangsu | 1871 | 878 | 47 |
| 浙 江<br>Zhejiang | 710 | 322 | 34 |
| 福 建<br>Fujian | 337 | 178 | 5 |
| 山 东<br>Shandong | 3314 | 1985 | 63 |
| 广 东<br>Guangdong | 5947 | 4159 | 55 |
| 广 西<br>Guangxi | 1035 | 135 | 53 |
| 海 南<br>Hainan | 463 | 193 | 8 |
| 其 他<br>Others | 2929 | 2181 | 33 |

# 5-21 分地区海洋研究与开发机构专利（2020年）
## Scientific and Technological Patents of Marine R&D Institutions by Region (2020)

| 地 区<br>Region | 专利申请<br>受理数<br>（件）<br>Number of<br>Patent<br>Applications<br>Accepted<br>(piece) | #发明专利<br>Inventions | 专利<br>授权数<br>（件）<br>Number of<br>Patents<br>Granted<br>(piece) | #发明专利<br>Inventions | 有效发明<br>专利<br>（件）<br>Patent in<br>Force<br>(piece) | 专利所有权转<br>让及许可数<br>（件）<br>Number of<br>Transfer and<br>Licensing of<br>Patent<br>Ownership<br>(piece) | 专利所有权<br>转让及许可<br>收入<br>（万元）<br>Revenue from<br>Transfer and<br>Licensing of<br>Patent<br>Ownership<br>(10000 yuan) |
|---|---|---|---|---|---|---|---|
| 合 计<br>**Total** | **7559** | **5670** | **5282** | **3267** | **19940** | **488** | **40301** |
| 北 京<br>Beijing | 1150 | 955 | 1160 | 837 | 3529 | 22 | 200 |
| 天 津<br>Tianjin | 322 | 104 | 235 | 43 | 330 | 35 | 50 |
| 河 北<br>Hebei | 81 | 50 | 30 | 10 | 120 | 0 | 0 |
| 辽 宁<br>Liaoning | 570 | 409 | 243 | 124 | 1173 | 0 | 0 |
| 上 海<br>Shanghai | 818 | 721 | 389 | 269 | 1966 | 82 | 10757 |
| 江 苏<br>Jiangsu | 274 | 211 | 296 | 142 | 706 | 3 | 15 |
| 浙 江<br>Zhejiang | 386 | 280 | 254 | 152 | 1043 | 6 | 213 |
| 福 建<br>Fujian | 58 | 50 | 52 | 42 | 392 | 6 | 245 |
| 山 东<br>Shandong | 1206 | 877 | 874 | 419 | 3140 | 41 | 693 |
| 广 东<br>Guangdong | 1766 | 1169 | 978 | 588 | 4508 | 238 | 11381 |
| 广 西<br>Guangxi | 67 | 50 | 88 | 32 | 192 | 0 | 0 |
| 海 南<br>Hainan | 81 | 65 | 55 | 37 | 203 | 1 | 1 |
| 其 他<br>Others | 780 | 729 | 628 | 572 | 2638 | 54 | 16747 |

# 5-22 分地区海洋研究与开发机构形成标准和
## 软件著作权（2020年）

# Standards and Software Copyrights of Marine R&D Institutions
## by Region (2020)

| 地 区<br>Region | 形成国家和行业标准数<br>（项）<br>Number of National and Industrial Standards<br>(item) | 软件著作权数<br>（件）<br>Number of Software Copyrights<br>(piece) |
|---|---|---|
| 合 计<br>**Total** | **227** | **1522** |
| 北 京<br>Beijing | 104 | 525 |
| 天 津<br>Tianjin | 32 | 56 |
| 河 北<br>Hebei | 1 | 48 |
| 辽 宁<br>Liaoning | 10 | 83 |
| 上 海<br>Shanghai | 8 | 71 |
| 江 苏<br>Jiangsu | 6 | 117 |
| 浙 江<br>Zhejiang | 11 | 107 |
| 福 建<br>Fujian | 2 | 7 |
| 山 东<br>Shandong | 25 | 185 |
| 广 东<br>Guangdong | 17 | 232 |
| 广 西<br>Guangxi | 0 | 29 |
| 海 南<br>Hainan | 8 | 7 |
| 其 他<br>Others | 3 | 55 |

# 主要统计指标解释

**1. 海洋研究与开发机构** 指主要业务活动中包含海洋科学研究、海洋技术服务、海洋信息服务等活动，设有海洋研究部门，或连续三年以上开展海洋科技课题的研究与开发机构。

**2. 研究与试验发展(R&D)** 指为增加知识存量（也包括有关人类、文化和社会的知识）以及设计已有知识的新应用而进行的创造性、系统性工作，包括基础研究、应用研究和试验发展三种类型。国际上通常采用 R&D 活动的规模和强度指标反映一国的科技实力和核心竞争力。

**3. 基础研究** 指一种不预设任何特定应用或使用目的的实验性或理论性工作，其主要目的是为获得（已发生）现象和可观察事实的基本原理、规律和新知识。其成果通常表现为提出一般原理、理论或规律，并以论文、著作、研究报告等形式为主。

**4. 应用研究** 为指为获取新知识，达到某一特定的实际目的或目标而开展的初始性研究。应用研究是为了确定基础研究成果的可能用途，或确定实现特定和预定目标的新方法。其研究成果以论文、著作、研究报告、原理性模型或发明专利等形式为主。

**5. 试验发展** 指利用从科学研究、实际经验中获取的知识和研究过程中产生的其他知识，开发新的产品、工艺或改进现有产品、工艺而进行的系统性研究。其研究成果以专利、专有技术，以及具有新颖性的产品原型、原始样机及装置等形式为主。

**6. 从业人员** 指由本机构年末直接组织安排工作并支付工资的各类人员总数。包括固定职工、国家有编制的合同制职工、招聘人员和返聘的离退休人员。不包括离退休人员、停薪留职人员。

**7. 从事科技活动人员** 指从业人员中的科技管理人员、课题活动人员和科技服务人员。

**8. R&D 人员** 指报告期 R&D 活动单位中从事基础研究、应用研究和试验发展活动的人员。包括直接参加上述三类 R&D 活动的人员，以及与上述三类 R&D 活动相关的管理人员和直接服务人员，即直接为 R&D 活动提供资料文献、材料供应、设备维护等服务的人员。不包括为 R&D 活动提供间接服务的人员，如餐饮服务、安保人员等。

**9. R&D 人员全时当量** 指报告期 R&D 人员按实际从事 R&D 活动时间计算的工作量，以"人年"为计量单位。为国际上比较科技人力投入而制定的可比指标。

**10. R&D 经费内部支出** 指报告期调查单位内部为实施 R&D 活动而实际发生的全部经费，按支出性质分为日常性支出和资产性支出。不包括调查单位委托其他单位或与其他单位合作开展 R&D 活动而转拨给其他单位的全部经费。

**11. R&D 经费内部支出中政府资金** 指 R&D 经费支出中来自各级政府财政的各类资金，包括财政科学技术支出和财政其他功能支出的资金用于 R&D 活动的实际支出。

**12. R&D 经费内部支出中企业资金** 指 R&D 经费支出中来自企业的各类资金。对企业而言，企业资金指企业自有资金、接受其他企业委托开展 R&D 活动而获得的资金，以及从金融机构贷款获得的开展 R&D 活动的资金；对科研院所、高校等事业单位而言，企业资金是指因接受从企业委托开展 R&D 活动而获得的各类资金。

**13. R&D 课题** R&D 课题是进行 R&D 活动的基本组织形式，通常由 R&D 活动执行单位依据项目立项书或合同书等形式明确项目任务、目标、人员和经费等。

**14. R&D 课题投入人员**　指实际参加研发项目（课题）活动人员折合的全时当量。

**15. R&D 课题投入经费**　指调查单位内部在报告年度进行研发项目（课题）研究和试制等的实际支出。包括劳务费、其他日常支出、固定资产购建费、外协加工费等，不包括委托或与外单位合作进行项目（课题）研究而拨付给对方使用的经费。

**16. 科技论文**　指报告年度在学术期刊上发表的最初的科学研究成果。应具备以下三个条件：（1）首次发表的研究成果；（2）作者的结论和试验能被同行重复并验证；（3）发表后科技界能引用。统计范围为在全国性学报或学术刊物上、省部属大专院校对外正式发行的学报或学术刊物上发表的论文，以及向国外发表的论文。只统计第一作者编制在本单位或者第一署名单位为本单位的论文。

**17. 科技著作**　指经过正式出版部门编印出版的科技专著、大专院校教科书、科普著作。只统计本单位科技人员为第一作者的著作。同一书名计为一种著作，与书的发行量无关。

**18. 专利**　是专利权的简称，是对发明人的发明创造经审查合格后，由专利局依据专利法授予发明人和设计人对该项发明创造享有的专有权。包括发明、实用新型和外观设计。反映拥有自主知识产权的科技和设计成果情况。

**19. 发明（专利）**　指对产品、方法或者其改进所提出的新的技术方案。是国际通行的反映拥有自主知识产权技术的核心指标。

**20. 专利申请受理数**　当年本单位向专利管理部门提出申请并被受理的职务专利申请件数。

**21. 专利授权数**　当年由专利管理部门授予本单位专利权的职务专利件数。

# Explanatory Notes on Main Statistical Indicators

**1. Marine R&D Institutions**　refer to the R&D institutions whose main business activities include marine scientific research, marine technology services, marine information services and other activities, which have established marine research departments, or carry out marine scientific and technological research for more than three consecutive years.

**2. Research and Experimental Development (R&D)**　refers to creative and systematic work undertaken in order to increase the stock of knowledge (including knowledge of humankind, culture and society) and to devise new applications of available knowledge. R&D includes 3 categories of activities: basic research, applied research and experimental development. The scale and intensity of R&D are widely used internationally to reflect the strength of S&T and the core competitiveness of a country in the world.

**3. Basic Research**　refers to experimental or theoretical work undertaken primarily to acquire new knowledge of the underlying foundations of phenomena and observable facts, without any particular application or use in view. Basic research usually formulates hypotheses, theories or laws, and its results are mainly released or disseminated in the form of scientific papers or monographs or research reports.

**4. Applied Research**　refers to original investigation undertaken in order to acquire new knowledge. It is directed primarily towards a specific, practical aim or objective. Purpose of the applied research is to identify the possible uses of results from basic research, or to explore new (fundamental) methods or new approaches. Results of applied research are expressed in the form of scientific papers, monographs, fundamental models or invention patents.

**5. Experimental Development** refers to systematic work, drawing on knowledge gained from research and practical experience and producing additional knowledge, which is directed to producing new products or processes or to improving existing products or processes. Results of experimental development activities are embodied in patents, exclusive technology, and monotype of new products or equipment.

**6. Employees** refer to the total number of personnel of various kinds employed and paid by the institution at the end of the year, including fixed employees, contract workers of staff belonging to the state authorized staff , recruited personnel, reemployed retired personnel, but not including the retired and the personnel on leave with pay suspension.

**7. Personnel Engaged in Scientific and Technological Activities** refer to the personnel for scientific and technological management, personnel engaged in the activities of research topics and scientific and technological service personnel.

**8. R&D Personnel** refer to persons of R&D activities units engaged in basic research, applied research, and experimental development at the reference period, including persons of directly participating in the three activities above, as well as managment and direct service staff related to R&D activities, such as literature provision, material supply,equipment maintenance staff, it excludes persons providing indirect support and ancillary services, such as canteen and security staff.

**9. Full-time Equivalent of R&D Personnel** refers to the ratio of working hours actually spent on R&D during a specific reference period (usually a calendar year) divided by the total number of hours conventionally worked in the same period by an individual or by a group. The measurement unit of the ratio is "man-years". This is an internationally comparable indicator of S&T manpower input.

**10. Intramural Expenditure on R&D** refers to the real expenditure of surveyed units on their own R&D activities in reporting period. It is divided into current expenditures and gross fixed capital expenditures for R&D according to the nature of expenditure. It doesn't include the fees transferred to cooperated or entrusted agencies on R&D activities.

**11. Intramural Expenditure on R&D from Government Funds** refers to the expenditure of funds on R&D activities from government agencies at different levels, including appropriate funds on science and technology from financial departments, and the real expenditure of other fiscal functional funds on R&D activities from government agencies.

**12. Intramural Expenditure on R&D from Enterprises Funds** refers to the expenditure of all kinds of funds on R&D activities from enterprises. In terms of enterprises, it refers to the expenditure of self-raised funds of enterprises, funds from other enterprises through entrustment, loans from financial institutions on R&D activities. In terms of public institutions, such as institution of scientific research and universities, it refers to the expenditure of funds from enterprises through entrustment.

**13. Number of R&D Projects** R&D Projects are the basic forms of R&D activities, the project task, target, personnel and expenditure are usually defined by R&D activity execution unit according to project approval specification or contract document.

**14. Input of Personnel on R&D Projects**   refers to the full-time equivalent of persons actually engaged in R&D projects.

**15. Input of Funds on R&D Projects**   refers to the real expenditure of internal funds of the surveyed units on research and test of R&D projects at the reference year, including service fee, other daily expenditure, cost for fixed assets, cost of external process, it excludes expenditure of funds transferred to other cooperated or entrusted units of the projects.

**16. Scientific Papers**   refer to the original scientific research results published in the academic journals in the year reported. They should meet the following three conditions: (1) The research results are published for the first time; (2) The author's conclusions and experiments can be repeated and verified by peers; (3) They can be quoted by the scientific and technological circles after publication. The scope of statistics covers the papers published in the national journals or academic journals, or those officially published by the province- or ministry- managed colleges and universities, as well as paper published abroad. Only the papers whose first authors belong to the authorized staff of the unit or the first signature unit is this unit can be counted.

**17. Scientific and Technological Works**   refer to the scientific and technological monographs, university and college textbooks and popular science works compiled and published by the official publishing departments. Only works whose first authors are the scientific and technological personnel of the unit are counted. The works with the same title are counted as one work and have nothing to do with the circulation of the book.

**18. Patent**   is an abbreviation for the patent right and refers to the exclusive right of ownership by the inventors or designers for the creation or inventions, given from the patent offices after due process of assessment and approval in accordance with the Patent Law. Patents are granted for inventions, utility models and designs. This indicator reflects the achievements of S&T and design with independent intellectual property.

**19. Patented Inventions**   refer to new technical proposals to the products or methods or their modifications. This is universal core indicator reflecting the technologies with independent intellectual property.

**20. Number of Patent Applications Accepted**   refers to the number of professional patent applications of the unit to the patent administrative department and accepted by it in the year.

**21. Number of Patents Granted**   refers to the number of the professional patents granted to the unit by the patent administrative department in the year.

# 6

# 海 洋 教 育
## Marine Education

# 6-1 全国各海洋专业博士研究生情况（2020年）
# Doctoral Students from Marine Specialities (2020)

| 专 业<br>Speciality | 专业点数<br>（个）<br>Number of<br>Speciality<br>Agencies<br>(unit) | 学生数（人）<br>Number of Students (person) | | | |
|---|---|---|---|---|---|
| | | 毕业生<br>Graduates | 招 生<br>Entrants | 在校生<br>Enrollment | 预计毕业生数<br>Estimated<br>Graduates of<br>Next Year |
| 合 计<br>**Total** | **144** | **802** | **1414** | **6174** | **2534** |
| 物理海洋学<br>Physical Oceanography | 7 | 59 | 83 | 354 | 116 |
| 海洋化学<br>Marine Chemistry | 7 | 25 | 59 | 214 | 57 |
| 海洋生物学<br>Marine Biology | 8 | 99 | 128 | 482 | 162 |
| 海洋地质<br>Marine Geology | 8 | 60 | 42 | 223 | 89 |
| 海洋科学学科<br>Marine Science Subjects | 12 | 111 | 196 | 735 | 242 |
| 水生生物学<br>Hydrobiology | 19 | 75 | 84 | 387 | 178 |
| 水文学及水资源<br>Hydrology and Water Resource | 15 | 112 | 186 | 935 | 465 |
| 港口海岸及近海工程<br>Coastal Harbour and Offshore<br>Engineering | 9 | 36 | 74 | 409 | 222 |

| 专 业<br>Speciality | 专业点数<br>（个）<br>Number of<br>Speciality<br>Agencies<br>(unit) | 学生数（人）<br>Number of Students (person) | | | |
| --- | --- | --- | --- | --- | --- |
| | | 毕业生<br>Graduates | 招 生<br>Entrants | 在校生<br>Enrollment | 预计毕业生数<br>Estimated<br>Graduates of<br>Next Year |
| 船舶与海洋结构物设计制造<br>Ships and Marine Structures<br>Design and Manufacture | 10 | 29 | 87 | 480 | 206 |
| 轮机工程<br>Turbine Engineering | 8 | 34 | 69 | 351 | 165 |
| 水声工程<br>Hydroacoustic Engineering | 6 | 11 | 54 | 296 | 122 |
| 船舶与海洋工程学科<br>Ship and Ocean Engineering<br>Subjects | 8 | 31 | 132 | 481 | 157 |
| 水产品加工及贮藏工程<br>Aquatic Products Processing and<br>Storing Engineering | 5 | 3 | 2 | 14 | 10 |
| 水产养殖<br>Aquaculture | 7 | 67 | 107 | 386 | 167 |
| 捕捞学<br>Science of Fishing | 2 | 3 | 9 | 38 | 19 |
| 渔业资源<br>Fishery Resource | 5 | 27 | 22 | 125 | 63 |
| 水产学科<br>Fishery Subjects | 8 | 20 | 80 | 264 | 94 |

# 6-2 全国各海洋专业硕士研究生情况（2020年）
## Postgraduate Students from Marine Specialities (2020)

| 专 业<br>Speciality | 专业点数<br>（个）<br>Number of Speciality Agencies (unit) | 学生数（人）<br>Number of Students (person) | | | |
|---|---|---|---|---|---|
| | | 毕业生<br>Graduates | 招 生<br>Entrants | 在校生<br>Enrollment | 预计毕业生数<br>Estimated Graduates of Next Year |
| 合 计<br>**Total** | **300** | **3301** | **4733** | **12562** | **3764** |
| 物理海洋学<br>Physical Oceanography | 14 | 121 | 227 | 609 | 162 |
| 海洋化学<br>Marine Chemistry | 15 | 97 | 136 | 401 | 129 |
| 海洋生物学<br>Marine Biology | 19 | 211 | 286 | 787 | 242 |
| 海洋地质<br>Marine Geology | 12 | 116 | 130 | 415 | 142 |
| 海洋科学学科<br>Marine Science Subjects | 24 | 422 | 830 | 2063 | 583 |
| 水生生物学<br>Hydrobiology | 36 | 194 | 167 | 537 | 194 |
| 水文学及水资源<br>Hydrology and Water Resource | 38 | 349 | 380 | 1080 | 339 |
| 港口海岸及近海工程<br>Coastal Harbour and Offshore Engineering | 14 | 197 | 233 | 658 | 185 |

| 专 业<br>Speciality | 专业点数<br>（个）<br>Number of<br>Speciality<br>Agencies<br>(unit) | 学生数（人）<br>Number of Students (person) | | | |
| --- | --- | --- | --- | --- | --- |
| | | 毕业生<br>Graduates | 招 生<br>Entrants | 在校生<br>Enrollment | 预计毕业生数<br>Estimated<br>Graduates of<br>Next Year |
| 船舶与海洋结构物设计制造<br>Ships and Marine Structures<br>Design and Manufacture | 18 | 253 | 272 | 733 | 218 |
| 轮机工程<br>Turbine Engineering | 12 | 235 | 226 | 710 | 253 |
| 水声工程<br>Hydroacoustic Engineering | 8 | 118 | 130 | 369 | 126 |
| 船舶与海洋工程学科<br>Ship and Ocean Engineering<br>Subjects | 17 | 251 | 403 | 903 | 259 |
| 水产品加工及贮藏工程<br>Aquatic Products Processing and<br>Storing Engineering | 15 | 45 | 13 | 60 | 28 |
| 水产养殖<br>Aquaculture | 24 | 390 | 575 | 1551 | 490 |
| 捕捞学<br>Science of Fishing | 2 | 16 | 27 | 78 | 21 |
| 渔业资源<br>Fishery Resource | 9 | 78 | 128 | 340 | 98 |
| 水产学科<br>Fishery Subjects | 23 | 208 | 570 | 1268 | 295 |

## 6-3 全国普通高等教育各海洋专业本科学生情况（2020年）
## Undergraduates from Marine Specialities in the National Ordinary Higher Education (2020)

| 专　业<br>Speciality | 专业点数<br>（个）<br>Number of Speciality Agencies (unit) | 学生数（人）<br>Number of Students (person) | | | |
| --- | --- | --- | --- | --- | --- |
| | | 毕业生<br>Graduates | 招　生<br>Entrants | 在校生<br>Enrollment | 预计<br>毕业生数<br>Estimated Graduates of Next Year |
| 合　计<br>**Total** | **315** | **17348** | **20512** | **77897** | **18414** |
| 海洋科学<br>Marine Science | 33 | 1395 | 1680 | 7229 | 1728 |
| 海洋技术(注：可授理学或工学学士学位)<br>Marine Technology (Note: It may confer bachelor's degrees in science and engineering) | 27 | 894 | 802 | 3846 | 946 |
| 海洋资源与环境<br>Marine Living Resources and Environment | 19 | 444 | 639 | 2568 | 620 |
| 海洋科学类专业<br>New Specialties Under the Category of Marine Sciences | 11 | 0 | 1131 | 1394 | 0 |
| 港口航道与海岸工程<br>Harbour Channel and Coastal Engineering | 35 | 1931 | 1481 | 7555 | 2167 |
| 航海技术<br>Navigation Technology | 17 | 2464 | 2602 | 9958 | 2367 |
| 轮机工程<br>Turbine Engineering | 22 | 2874 | 3035 | 12327 | 3052 |
| 船舶与海洋工程<br>Ship and Marine Engineering | 34 | 2528 | 2232 | 10436 | 2677 |
| 海洋工程与技术<br>Ocean Engineering and Technology | 7 | 180 | 180 | 1068 | 301 |
| 海洋资源开发技术<br>Marine Resources Exploitation Technology | 15 | 317 | 492 | 1839 | 437 |
| 海洋工程类专业<br>New Specialities of Marine Engineering | 6 | 0 | 1092 | 1296 | 0 |
| 水产养殖学<br>Aquaculture | 56 | 3082 | 3194 | 12620 | 3045 |
| 海洋渔业科学与技术<br>Science and Technology of Marine Fishery | 10 | 520 | 491 | 1868 | 394 |
| 水族科学与技术<br>Science and Technology of Aquatic Animals | 12 | 380 | 271 | 1380 | 341 |
| 水产类专业<br>Fishery-type Specialities | 6 | 0 | 879 | 1230 | 0 |
| 海事管理<br>Maritime Affairs Management | 5 | 339 | 311 | 1283 | 339 |

## 6-4 全国普通高等教育各海洋专业专科学生情况（2020年）
### Students from Marine Specialities of the Colleges for Professional Training in the National Ordinary Higher Education (2020)

| 专 业<br>Speciality | 专业点数<br>（个）<br>Number of<br>Speciality<br>Agencies<br>(unit) | 学生数（人）<br>Number of Students (person) | | | |
|---|---|---|---|---|---|
| | | 毕业生<br>Graduates | 招 生<br>Entrants | 在校生<br>Enrollment | 预计毕业生数<br>Estimated<br>Graduates of<br>Next Year |
| 合 计<br>**Total** | **904** | **46708** | **59921** | **169450** | **49388** |
| 水产养殖技术<br>Aquaculture Technology | 31 | 1088 | 1632 | 3787 | 944 |
| 水族科学与技术<br>Aquarium Science and Technology | 2 | 46 | 110 | 259 | 66 |
| 水生动物医学<br>Aquatic Animal Medicine | 3 | 14 | 4 | 39 | 4 |
| 渔业经济管理<br>Fishery Economic Management | 1 | 21 | 0 | 5 | 5 |
| 钻井技术<br>Drilling Technology | 3 | 205 | 163 | 715 | 144 |
| 油气开采技术<br>Oil and Gas Exploitation Technology | 12 | 277 | 652 | 1220 | 228 |
| 油气储运技术<br>Oil and Gas Storage and Transportation | 26 | 807 | 1098 | 2991 | 875 |
| 油气地质勘探技术<br>Oil and Gas Geological Exploration<br>Technology | 5 | 178 | 219 | 814 | 230 |
| 油田化学应用技术<br>Oilfield Chemical Technology | 5 | 164 | 282 | 740 | 180 |
| 石油工程技术<br>Petroleum Engineering Technology | 18 | 585 | 1456 | 2961 | 579 |
| 石油与天然气类专业<br>Petroleum and Natural Gas | 1 | 0 | 9 | 9 | 0 |
| 水文与水资源工程<br>Hydrology and Water Resources<br>Engineering | 13 | 354 | 680 | 1601 | 397 |

| 专 业<br>Speciality | 专业点数<br>（个）<br>Number of<br>Speciality<br>Agencies<br>(unit) | 学生数（人）<br>Number of Students (person) | | | |
| --- | --- | --- | --- | --- | --- |
| | | 毕业生<br>Graduates | 招 生<br>Entrants | 在校生<br>Enrollment | 预计毕业生数<br>Estimated<br>Graduates of<br>Next Year |
| 水政水资源管理<br>Water Administration and Water Resources<br>Management | 5 | 227 | 142 | 448 | 141 |
| 水利工程<br>Water Conservancy Projects | 37 | 3595 | 5161 | 13891 | 4211 |
| 水利水电工程技术<br>Water Conservancy and Hydropower<br>Engineering Technology | 25 | 1751 | 2306 | 6548 | 1615 |
| 水利水电工程管理<br>Water Conservancy and Hydropower<br>Project Management | 24 | 1438 | 3035 | 7366 | 1652 |
| 水利水电建筑工程<br>Water Conservancy and Hydropower<br>Construction | 47 | 5449 | 5557 | 18204 | 5767 |
| 水务管理<br>Water Affairs Management | 8 | 212 | 675 | 1518 | 281 |
| 水利工程与管理类专业<br>Water Conservancy and Management | 1 | 0 | 85 | 85 | 0 |
| 水电站电气设备<br>Electrical Equipment of Hydropower<br>Station | 7 | 172 | 168 | 628 | 260 |
| 水电站运行与管理<br>Operation and Management of Hydropower<br>Station | 3 | 205 | 147 | 684 | 318 |
| 水利机电设备运行与管理<br>Operation and Management of Electrical<br>and Mechanical Equipment in Water<br>Conservancy | 3 | 49 | 106 | 279 | 48 |
| 水土保持技术<br>Soil and Water Conservation Technology | 10 | 232 | 246 | 664 | 234 |
| 水环境监测与治理<br>Water Environmental Monitoring and<br>Protection | 7 | 132 | 583 | 1165 | 74 |

| 专　业<br>Speciality | 专业点数<br>（个）<br>Number of<br>Speciality<br>Agencies<br>(unit) | 学生数（人）<br>Number of Students (person) | | | |
|---|---|---|---|---|---|
| | | 毕业生<br>Graduates | 招　生<br>Entrants | 在校生<br>Enrollment | 预计毕业生数<br>Estimated<br>Graduates of<br>Next Year |
| 船舶工程技术<br>Ship Engineering Technology | 28 | 1838 | 2669 | 7239 | 1903 |
| 船舶机械工程技术<br>Ship Mechanical Engineering Technology | 9 | 342 | 343 | 923 | 274 |
| 船舶电气工程技术<br>Ship Electrical Engineering Technology | 12 | 633 | 910 | 2304 | 744 |
| 船舶舾装工程技术<br>Ship Equipment and Installations Engineering Technology | 2 | 88 | 132 | 378 | 128 |
| 船舶涂装工程技术<br>Engineering Technology of Ship Painting | 1 | 39 | 27 | 100 | 34 |
| 游艇设计与制造<br>Yacht Design and Manufacturing | 8 | 188 | 287 | 942 | 343 |
| 海洋工程技术<br>Marine Engineering Technology | 6 | 136 | 234 | 510 | 126 |
| 船舶通信与导航<br>Ship Communication and Navigation | 3 | 144 | 113 | 431 | 143 |
| 船舶动力工程技术<br>Ship Power Engineering Technology | 8 | 357 | 676 | 1793 | 462 |
| 航海技术<br>Nautical Technology | 45 | 4191 | 7124 | 19447 | 5211 |
| 国际邮轮乘务管理<br>International Cruise Ship Management | 124 | 4678 | 4400 | 15519 | 5505 |

| 专 业<br>Speciality | 专业点数<br>（个）<br>Number of<br>Speciality<br>Agencies<br>(unit) | 学生数（人）<br>Number of Students (person) | | | |
|---|---|---|---|---|---|
| | | 毕业生<br>Graduates | 招 生<br>Entrants | 在校生<br>Enrollment | 预计毕业生数<br>Estimated<br>Graduates of<br>Next Year |
| 船舶电子电气技术<br>Electronic and Electrical Technology of<br>Ships | 18 | 713 | 1473 | 3418 | 817 |
| 船舶检验<br>Ship Inspection | 9 | 164 | 340 | 696 | 119 |
| 港口机械与自动控制<br>Port Machinery and Automatic Control | 21 | 800 | 1000 | 2695 | 849 |
| 港口电气技术<br>Port Electrical Technology | 2 | 135 | 107 | 368 | 133 |
| 港口与航道工程技术<br>Port and Waterway Engineering<br>Technology | 11 | 309 | 312 | 1004 | 364 |
| 港口与航运管理<br>Harbour and Shipping Management | 41 | 2462 | 2348 | 7367 | 2358 |
| 港口物流管理<br>Port Logistics Management | 16 | 615 | 1226 | 2889 | 654 |
| 轮机工程技术<br>Turbine Engineering Technology | 50 | 2889 | 4781 | 13021 | 3504 |
| 水路运输与海事管理<br>Waterway Transportation and Maritime<br>Management | 18 | 676 | 869 | 2402 | 663 |
| 集装箱运输管理<br>Container Transportation Management | 14 | 399 | 486 | 1209 | 406 |
| 水上运输类专业<br>Water Transportation | 1 | 41 | 0 | 0 | 0 |
| 报关与国际货运<br>Customs Declaration and International<br>Freight Transport | 160 | 7670 | 5548 | 18174 | 6395 |

# 6-5 全国成人高等教育各海洋专业本科学生情况（2020年）
## Undergraduates from Marine Specialities in the National Adult Higher Education (2020)

| 专 业<br>Speciality | 专业点数<br>（个）<br>Number of Speciality Agencies (unit) | 学生数（人）<br>Number of Students (person) | | | |
|---|---|---|---|---|---|
| | | 毕业生<br>Graduates | 招 生<br>Entrants | 在校生<br>Enrollment | 预计毕业生数<br>Estimated Graduates of Next Year |
| 合 计<br>**Total** | **62** | **1199** | **1602** | **3856** | **1495** |
| 海洋技术<br>(注：可授理学或工学学士学位)<br>Marine Technology (Note: It may confer bachelor's degrees in science and engineering) | 1 | 3 | 0 | 5 | 4 |
| 海洋资源与环境<br>Marine Living Resources and Environment | 1 | 8 | 1 | 6 | 5 |
| 港口航道与海岸工程<br>Harbour Channel and Coastal Engineering | 6 | 23 | 117 | 169 | 34 |
| 航海技术<br>Navigation Technology | 10 | 192 | 411 | 929 | 262 |
| 轮机工程<br>Turbine Engineering | 10 | 194 | 252 | 751 | 275 |
| 船舶与海洋工程<br>Ship and Marine Engineering | 13 | 560 | 612 | 1521 | 745 |
| 海洋资源开发技术<br>Marine Resources Exploitation Technology | 1 | 0 | 2 | 2 | 0 |
| 水产养殖学<br>Aquaculture | 19 | 219 | 207 | 471 | 168 |
| 水族科学与技术<br>Science and Technology of Aquatic Animals | 1 | 0 | 0 | 2 | 2 |

# 6-6 全国成人高等教育各海洋专业专科学生情况（2020年）
## Students from Marine Specialities of the Colleges for Professional Training in the National Adult Higher Education (2020)

| 专 业<br>Speciality | 专业点数<br>（个）<br>Number of Speciality Agencies (unit) | 学生数（人）<br>Number of Students (person) | | | |
|---|---|---|---|---|---|
| | | 毕业生<br>Graduates | 招 生<br>Entrants | 在校生<br>Enrollment | 预计毕业生数<br>Estimated Graduates of Next Year |
| 合 计<br>**Total** | **228** | **5507** | **6012** | **12434** | **5374** |
| 水产养殖技术<br>Aquaculture Technology | 16 | 391 | 352 | 1210 | 500 |
| 渔业经济管理<br>Fishery Economic Management | 1 | 6 | 0 | 0 | 0 |
| 钻井技术<br>Drilling Technology | 5 | 131 | 110 | 210 | 94 |
| 油气开采技术<br>Oil and Gas Exploitation Technology | 10 | 294 | 126 | 256 | 130 |
| 油气储运技术<br>Oil and Gas Storage and Transportation Technology | 11 | 125 | 104 | 161 | 49 |
| 油气地质勘探技术<br>Oil and Gas Geologic Exploration Technology | 3 | 26 | 48 | 148 | 100 |
| 油田化学应用技术<br>Oilfield Chemical Applied Technology | 1 | 0 | 3 | 6 | 3 |
| 石油工程技术<br>Petroleum Engineering Technology | 14 | 146 | 248 | 421 | 158 |
| 水文与水资源工程<br>Hydrology and Water Resources Engineering | 1 | 0 | 0 | 10 | 10 |
| 水文水资源类专业<br>Hydrology and Water Resources | 1 | 36 | 0 | 0 | 0 |
| 水利工程<br>Water Conservancy Projects | 12 | 430 | 596 | 1304 | 617 |

| 专 业<br>Speciality | 专业点数<br>（个）<br>Number of<br>Speciality<br>Agencies<br>(unit) | 学生数（人）<br>Number of Students (person) | | | |
| --- | --- | --- | --- | --- | --- |
| | | 毕业生<br>Graduates | 招　生<br>Entrants | 在校生<br>Enrollment | 预计毕业生数<br>Estimated<br>Graduates of<br>Next Year |
| 水利水电工程技术<br>Water Conservancy and Hydropower<br>Engineering Technology | 2 | 5 | 58 | 58 | 0 |
| 水利水电工程管理<br>Water Conservancy and Hydropower<br>Project Management | 19 | 649 | 830 | 1807 | 769 |
| 水利水电建筑工程<br>Water Conservancy and Hydropower<br>Construction | 25 | 1668 | 2557 | 4513 | 1777 |
| 水利工程与管理类专业<br>Water Conservancy and Management | 3 | 161 | 153 | 289 | 136 |
| 水务管理<br>Water Affairs Management | 1 | 1 | 0 | 0 | 0 |
| 水电站动力设备<br>Power Equipment of Hydropower Station | 2 | 5 | 5 | 19 | 10 |
| 水利水电设备类专业<br>Water Conservancy and Hydroelectric<br>Equipment | 1 | 1 | 0 | 0 | 0 |
| 水土保持技术<br>Soil and Water Conservation Technology | 5 | 18 | 7 | 25 | 18 |
| 船舶工程技术<br>Ship Engineering Technology | 19 | 271 | 251 | 433 | 182 |
| 船舶机械工程技术<br>Marine Mechanical Engineering<br>Technology | 1 | 0 | 0 | 1 | 1 |
| 船舶电气工程技术<br>Ship Electrical Engineering Technology | 2 | 37 | 1 | 2 | 0 |
| 船舶动力工程技术<br>Ship Power Engineering Technology | 1 | 4 | 1 | 4 | 3 |

| 专 业<br>Speciality | 专业点数<br>（个）<br>Number of<br>Speciality<br>Agencies<br>(unit) | 学生数（人）<br>Number of Students (person) | | | |
| --- | --- | --- | --- | --- | --- |
| | | 毕业生<br>Graduates | 招 生<br>Entrants | 在校生<br>Enrollment | 预计毕业生数<br>Estimated<br>Graduates of<br>Next Year |
| 游艇设计与制造<br>Yacht Design and Manufacturing | 1 | 0 | 1 | 1 | 0 |
| 航海技术<br>Navigation Technology | 19 | 471 | 338 | 882 | 429 |
| 国际邮轮乘务管理<br>International Cruise Crew Management | 9 | 94 | 17 | 39 | 7 |
| 船舶电子电气技术<br>Electronic and Electrical Technology of Ships | 1 | 0 | 1 | 2 | 0 |
| 港口机械与自动控制<br>Port Machinery and Automatic Control | 1 | 1 | 0 | 0 | 0 |
| 港口与航道工程技术<br>Port and Waterway Engineering Technology | 2 | 7 | 0 | 2 | 2 |
| 港口与航运管理<br>Harbour and Shipping Management | 4 | 6 | 19 | 41 | 11 |
| 港口物流管理<br>Port Logistics Management | 2 | 1 | 14 | 15 | 1 |
| 轮机工程技术<br>Turbine Engineering Technology | 20 | 289 | 130 | 457 | 302 |
| 水路运输与海事管理<br>Waterway Transportation and Maritime Management | 1 | 0 | 1 | 3 | 0 |
| 报关与国际货运<br>Customs Declaration and International Freight Transport | 12 | 233 | 41 | 115 | 65 |

## 6-7 全国中等职业教育各海洋专业学生情况（2020年）
## Students from Marine Specialities in the National Secondary Vocational Education (2020)

| 专业<br>Speciality | 专业点数<br>（个）<br>Number of Speciality Agencies (unit) | 学生数（人）<br>Number of Students (person) | | | |
|---|---|---|---|---|---|
| | | 毕业生<br>Graduates | 招 生<br>Entrants | 在校生<br>Enrollment | 预计毕业生数<br>Estimated Graduates of Next Year |
| 合 计<br>**Total** | **207** | **9921** | **9844** | **24843** | **7538** |
| 海水生态养殖<br>Seawater Ecological Cultivation | 10 | 211 | 294 | 668 | 157 |
| 航海捕捞<br>Sea Fishing | 3 | 967 | 32 | 94 | 24 |
| 水文与水资源勘测<br>Hydrological and Water Resources Survey | 2 | 0 | 91 | 91 | 0 |
| 风电场机电设备运行与维护<br>Operation and Maintenance of Electromechanical Equipment in the Wind Power Station | 21 | 803 | 725 | 1849 | 597 |
| 船舶制造与修理<br>Ships Building and Repair | 20 | 1267 | 1635 | 4662 | 1675 |
| 船舶机械装置安装与维修<br>Installation and Maintenance of Ships' Mechanical Equipment | 3 | 482 | 688 | 1915 | 568 |

注：此表不包含技工学校相关数据。

Note: Data related to technical schools are not included in the table.

| 专 业<br>Speciality | 专业点数<br>（个）<br>Number of<br>Speciality<br>Agencies<br>(unit) | 学生数（人）<br>Number of Students (person) | | | |
|---|---|---|---|---|---|
| | | 毕业生<br>Graduates | 招 生<br>Entrants | 在校生<br>Enrollment | 预计毕业生数<br>Estimated<br>Graduates of<br>Next Year |
| 船舶驾驶<br>Ship Piloting | 52 | 2684 | 2693 | 6570 | 1619 |
| 轮机管理<br>Engines Management | 39 | 1499 | 1456 | 3693 | 1138 |
| 船舶水手与机工<br>Ship Sailors and Mechanics | 25 | 1191 | 1149 | 3083 | 1254 |
| 船舶电气技术<br>Ship Electric Technology | 7 | 88 | 238 | 294 | 24 |
| 船舶通信与导航<br>Ship Communication and<br>Navigation | 2 | 0 | 72 | 81 | 0 |
| 外轮理货<br>Foreign Ships Freight Forwarding | 3 | 79 | 17 | 73 | 23 |
| 船舶检验<br>Ships Inspection | 2 | 0 | 64 | 83 | 19 |
| 港口机械运行与维护<br>Operation and Maintenance of<br>Harbour Machinery | 16 | 619 | 671 | 1636 | 408 |
| 工程潜水<br>Engineering Diving | 2 | 31 | 19 | 51 | 32 |

# 6-8 分地区各海洋专业博士研究生情况（2020年）
# Doctoral Students in Marine Specialities by Regions (2020)

| 地 区<br>Region | 专业点数<br>（个）<br>Number of Speciality Agencies (unit) | 学生数（人）<br>Number of Students (person) | | | |
|---|---|---|---|---|---|
| | | 毕业生<br>Graduates | 招 生<br>Entrants | 在校生<br>Enrollment | 预计毕业生数<br>Estimated Graduates of Next Year |
| 合 计<br>**Total** | **144** | **802** | **1414** | **6174** | **2534** |
| 北 京<br>Beijing | 10 | 198 | 231 | 837 | 338 |
| 天 津<br>Tianjin | 1 | 3 | 9 | 39 | 16 |
| 辽 宁<br>Liaoning | 8 | 29 | 82 | 459 | 242 |
| 上 海<br>Shanghai | 19 | 88 | 202 | 754 | 258 |
| 江 苏<br>Jiangsu | 13 | 60 | 121 | 799 | 428 |
| 浙 江<br>Zhejiang | 6 | 25 | 46 | 224 | 114 |
| 福 建<br>Fujian | 8 | 38 | 80 | 378 | 150 |
| 山 东<br>Shandong | 17 | 152 | 220 | 881 | 257 |
| 广 东<br>Guangdong | 20 | 50 | 97 | 329 | 117 |
| 广 西<br>Guangxi | 1 | 2 | 0 | 4 | 4 |
| 海 南<br>Hainan | 1 | 3 | 0 | 20 | 8 |
| 其 他<br>Others | 40 | 154 | 326 | 1450 | 602 |

# 6-9 分地区各海洋专业硕士研究生情况（2020年）
# Postgraduate Students in Marine Specialities by Regions (2020)

| 地 区<br>Region | 专业点数<br>（个）<br>Number of<br>Speciality<br>Agencies<br>(unit) | 学生数（人）<br>Number of Students (person) | | | |
|---|---|---|---|---|---|
| | | 毕业生<br>Graduates | 招 生<br>Entrants | 在校生<br>Enrollment | 预计毕业生数<br>Estimated<br>Graduates of<br>Next Year |
| 合 计<br>**Total** | **300** | **3301** | **4733** | **12562** | **3764** |
| 北 京<br>Beijing | 17 | 157 | 270 | 748 | 222 |
| 天 津<br>Tianjin | 12 | 95 | 151 | 397 | 116 |
| 河 北<br>Hebei | 7 | 12 | 25 | 53 | 13 |
| 辽 宁<br>Liaoning | 16 | 357 | 457 | 1167 | 327 |
| 上 海<br>Shanghai | 23 | 416 | 723 | 1957 | 591 |
| 江 苏<br>Jiangsu | 28 | 362 | 466 | 1313 | 410 |
| 浙 江<br>Zhejiang | 24 | 294 | 389 | 975 | 292 |
| 福 建<br>Fujian | 16 | 170 | 244 | 659 | 218 |
| 山 东<br>Shandong | 38 | 334 | 613 | 1521 | 389 |
| 广 东<br>Guangdong | 20 | 200 | 301 | 782 | 220 |
| 广 西<br>Guangxi | 4 | 11 | 39 | 91 | 18 |
| 海 南<br>Hainan | 3 | 23 | 29 | 85 | 29 |
| 其 他<br>Others | 92 | 870 | 1026 | 2814 | 919 |

# 6-10 分地区普通高等教育各海洋专业本科学生情况（2020年）
## Undergraduates in the Marine Specialities of Ordinary Higher Education by Regions (2020)

| 地 区<br>Region | 专业点数<br>（个）<br>Number of Speciality Agencies (unit) | 学生数（人）<br>Number of Students (person) | | | |
|---|---|---|---|---|---|
| | | 毕业生<br>Graduates | 招 生<br>Entrants | 在校生<br>Enrollment | 预计毕业生数<br>Estimated Graduates of Next Year |
| 合 计<br>**Total** | **315** | **17348** | **20512** | **77897** | **18414** |
| 北 京<br>Beijing | 3 | 114 | 184 | 613 | 107 |
| 天 津<br>Tianjin | 17 | 793 | 855 | 3385 | 816 |
| 河 北<br>Hebei | 13 | 460 | 395 | 1623 | 350 |
| 辽 宁<br>Liaoning | 26 | 2269 | 2326 | 9340 | 2282 |
| 上 海<br>Shanghai | 21 | 1211 | 1269 | 5010 | 1242 |
| 江 苏<br>Jiangsu | 34 | 1463 | 1830 | 6921 | 1731 |
| 浙 江<br>Zhejiang | 28 | 1023 | 1112 | 4712 | 1190 |
| 福 建<br>Fujian | 20 | 1390 | 1591 | 6121 | 1510 |
| 山 东<br>Shandong | 38 | 2205 | 2902 | 10496 | 2334 |
| 广 东<br>Guangdong | 25 | 1524 | 2234 | 8551 | 1840 |
| 广 西<br>Guangxi | 9 | 466 | 614 | 2376 | 512 |
| 海 南<br>Hainan | 11 | 402 | 669 | 2313 | 427 |
| 其 他<br>Others | 70 | 4028 | 4531 | 16436 | 4073 |

# 6-11 分地区普通高等教育各海洋专业专科学生情况（2020年）
## Students from Marine Specialities of the Colleges for Professional Training in the Ordinary Higher Education by Regions (2020)

| 地 区<br>Region | 专业点数<br>（个）<br>Number of<br>Speciality<br>Agencies<br>(unit) | 学生数（人）<br>Number of Students (person) | | | |
|---|---|---|---|---|---|
| | | 毕业生<br>Graduates | 招 生<br>Entrants | 在校生<br>Enrollment | 预计毕业生数<br>Estimated<br>Graduates of<br>Next Year |
| 合 计<br>**Total** | **904** | **46708** | **59921** | **169450** | **49388** |
| 北 京<br>Beijing | 4 | 132 | 124 | 295 | 109 |
| 天 津<br>Tianjin | 29 | 2513 | 2948 | 8522 | 2632 |
| 河 北<br>Hebei | 51 | 1422 | 2181 | 5114 | 1361 |
| 辽 宁<br>Liaoning | 56 | 3416 | 5339 | 12833 | 3420 |
| 上 海<br>Shanghai | 19 | 896 | 511 | 2168 | 818 |
| 江 苏<br>Jiangsu | 58 | 3364 | 4152 | 11412 | 3575 |
| 浙 江<br>Zhejiang | 33 | 2919 | 2155 | 7995 | 2836 |
| 福 建<br>Fujian | 44 | 2514 | 3246 | 10896 | 2699 |
| 山 东<br>Shandong | 111 | 6622 | 6805 | 20893 | 6858 |
| 广 东<br>Guangdong | 38 | 2424 | 3034 | 7845 | 2231 |
| 广 西<br>Guangxi | 43 | 1531 | 2198 | 5820 | 1765 |
| 海 南<br>Hainan | 12 | 481 | 818 | 1978 | 492 |
| 其 他<br>Others | 406 | 18474 | 26410 | 73679 | 20592 |

## 6-12 分地区成人高等教育各海洋专业本科学生情况（2020年）
## Students from Marine Specialities in the Adult Higher Education by Regions (2020)

| 地 区<br>Region | 专业点数<br>（个）<br>Number of<br>Speciality<br>Agencies<br>(unit) | 学生数（人）<br>Number of Students (person) | | | |
|---|---|---|---|---|---|
| | | 毕业生<br>Graduates | 招 生<br>Entrants | 在校生<br>Enrollment | 预计毕业生数<br>Estimated<br>Graduates of<br>Next Year |
| 合 计<br>**Total** | **62** | **1199** | **1602** | **3856** | **1495** |
| 天 津<br>Tianjin | 1 | 5 | 0 | 1 | 1 |
| 河 北<br>Hebei | 1 | 3 | 0 | 5 | 4 |
| 辽 宁<br>Liaoning | 9 | 204 | 376 | 759 | 196 |
| 上 海<br>Shanghai | 3 | 160 | 152 | 508 | 157 |
| 江 苏<br>Jiangsu | 7 | 460 | 467 | 1290 | 606 |
| 浙 江<br>Zhejiang | 1 | 6 | 18 | 26 | 8 |
| 山 东<br>Shandong | 11 | 177 | 258 | 496 | 202 |
| 广 东<br>Guangdong | 8 | 24 | 162 | 330 | 78 |
| 广 西<br>Guangxi | 4 | 4 | 17 | 44 | 27 |
| 其 他<br>Others | 17 | 156 | 152 | 397 | 216 |

# 6-13 分地区成人高等教育各海洋专业专科学生情况（2020年）
## Students from Marine Specialities of the Colleges for Professional Training in the Adult Higher Education by Regions (2020)

| 地 区<br>Region | 专业点数<br>（个）<br>Number of Speciality Agencies (unit) | 学生数（人）<br>Number of Students (person) | | | |
| --- | --- | --- | --- | --- | --- |
| | | 毕业生<br>Graduates | 招 生<br>Entrants | 在校生<br>Enrollment | 预计毕业生数<br>Estimated Graduates of Next Year |
| 合 计<br>**Total** | **228** | **5507** | **6012** | **12434** | **5374** |
| 北 京<br>Beijing | 1 | 0 | 0 | 51 | 36 |
| 天 津<br>Tianjin | 1 | 1 | 3 | 11 | 8 |
| 河 北<br>Hebei | 11 | 389 | 147 | 303 | 156 |
| 辽 宁<br>Liaoning | 23 | 313 | 335 | 628 | 293 |
| 上 海<br>Shanghai | 6 | 266 | 112 | 363 | 120 |
| 江 苏<br>Jiangsu | 27 | 660 | 424 | 1052 | 520 |
| 浙 江<br>Zhejiang | 8 | 79 | 62 | 333 | 273 |
| 福 建<br>Fujian | 1 | 259 | 280 | 931 | 370 |
| 山 东<br>Shandong | 13 | 393 | 906 | 1553 | 647 |
| 广 东<br>Guangdong | 9 | 37 | 91 | 183 | 89 |
| 广 西<br>Guangxi | 7 | 72 | 22 | 82 | 60 |
| 海 南<br>Hainan | 3 | 8 | 5 | 8 | 1 |
| 其 他<br>Others | 118 | 3030 | 3625 | 6936 | 2801 |

# 6-14 分地区中等职业教育各海洋专业学生情况（2020年）
## Students from Marine Specialities in the Secondary Vocational Education by Regions (2020)

| 地　区<br>Region | 专业点数<br>（个）<br>Number of Speciality Agencies (unit) | 学生数（人）<br>Number of Students (person) | | | |
|---|---|---|---|---|---|
| | | 毕业生<br>Graduates | 招　生<br>Entrants | 在校生<br>Enrollment | 预计毕业生数<br>Estimated Graduates of Next Year |
| 合　计<br>**Total** | **207** | **9921** | **9844** | **24843** | **7538** |
| 天　津<br>Tianjin | 1 | 100 | 0 | 185 | 185 |
| 河　北<br>Hebei | 14 | 977 | 740 | 1595 | 746 |
| 辽　宁<br>Liaoning | 17 | 404 | 1060 | 1922 | 290 |
| 上　海<br>Shanghai | 13 | 1032 | 1375 | 3988 | 1333 |
| 江　苏<br>Jiangsu | 17 | 299 | 330 | 946 | 314 |
| 浙　江<br>Zhejiang | 12 | 273 | 554 | 1346 | 334 |
| 福　建<br>Fujian | 17 | 3350 | 643 | 1379 | 280 |
| 山　东<br>Shandong | 31 | 1059 | 1947 | 4154 | 1214 |
| 广　东<br>Guangdong | 10 | 362 | 463 | 1287 | 396 |
| 广　西<br>Guangxi | 9 | 449 | 222 | 1968 | 788 |
| 海　南<br>Hainan | 2 | 45 | 30 | 81 | 37 |
| 其　他<br>Others | 64 | 1571 | 2480 | 5992 | 1621 |

# 6-15 分地区开设海洋专业高等学校教职工数（2020年）
## Number of Teaching and Administrative Staff in the Universities and Colleges Offering Marine Specialities by Regions (2020)

| 地 区<br>Region | 学校（机构）数<br>（个）<br>Number of Colleges<br>(Institutions)<br>(unit) | 教职工数<br>（人）<br>Number of Teaching and<br>Administrative Staff<br>(person) | 专任教师数<br>（人）<br>Number of Full-Time<br>Teachers<br>(person) |
|---|---|---|---|
| 合 计<br>**Total** | **582** | **812330** | **535617** |
| 北 京<br>Beijing | 11 | 42057 | 20052 |
| 天 津<br>Tianjin | 14 | 17613 | 12583 |
| 河 北<br>Hebei | 31 | 36451 | 26250 |
| 辽 宁<br>Liaoning | 24 | 23784 | 16267 |
| 上 海<br>Shanghai | 18 | 29582 | 16744 |
| 江 苏<br>Jiangsu | 44 | 73936 | 51023 |
| 浙 江<br>Zhejiang | 24 | 35726 | 22453 |
| 福 建<br>Fujian | 22 | 32413 | 19894 |
| 山 东<br>Shandong | 53 | 75674 | 52668 |
| 广 东<br>Guangdong | 36 | 66942 | 40078 |
| 广 西<br>Guangxi | 22 | 25314 | 16583 |
| 海 南<br>Hainan | 8 | 8102 | 5440 |
| 其 他<br>Others | 275 | 344736 | 235582 |

# 主要统计指标解释

**海洋专业** 指高等教育和中等职业教育所设的与海洋有关的专业。

# Explanatory Note on Main Statistical Indicators

**Marine Speciality** refers to the marine-related speciality in the higher education and the secondary vocational education.

# 7

# 海洋生态环境与防灾减灾
## Marine Ecological Environment and Disaster Mitigation

# 7-1 管辖海域未达到第一类海水水质标准的
## 海域面积（2020年）
# Sea Area Under National Jurisdiction with Water Quality Not Up to
## the Standard of Grade I (2020)

| 海 区<br>Sea Area | 合 计<br>（平方千米）<br>Total<br>(km²) | 第二类水质海域面积<br>（平方千米）<br>Area of the Second Grade<br>Sea Waters<br>(km²) | 第三类水质海域面积<br>（平方千米）<br>Area of the Third Grade Sea<br>Waters<br>(km²) |
|---|---|---|---|
| 海区合计<br>**Total Sea Area** | **94930** | **30730** | **20650** |
| 渤 海<br>Bohai Sea | 13490 | 9170 | 2300 |
| 黄 海<br>Yellow Sea | 25360 | 7430 | 8300 |
| 东 海<br>East China Sea | 48000 | 10800 | 8910 |
| 南 海<br>South China Sea | 8080 | 3330 | 1140 |

| 海　区<br>Sea Area | 第四类水质<br>海域面积<br>（平方千米）<br>Area of the Fourth<br>Grade Sea Waters<br>(km$^2$) | 劣于第四类水质<br>海域面积<br>（平方千米）<br>Sea Area of the Sea Waters<br>Inferior to the Fourth Grade<br>(km$^2$) | 主要超标要素<br>Dominant Indicators<br>Exceeding the Standard |
|---|---|---|---|
| 海区合计<br>**Total Sea Area** | **13480** | **30070** | 无机氮、活性磷酸盐<br>**Inorganic Nitrogen,**<br>**Active Phosphate** |
| 渤　海<br>Bohai Sea | 1020 | 1000 | 无机氮、活性磷酸盐<br>Inorganic Nitrogen,<br>Active Phosphate |
| 黄　海<br>Yellow Sea | 4550 | 5080 | 无机氮、活性磷酸盐<br>Inorganic Nitrogen,<br>Active Phosphate |
| 东　海<br>East China Sea | 6810 | 21480 | 无机氮、活性磷酸盐<br>Inorganic Nitrogen,<br>Active Phosphate |
| 南　海<br>South China Sea | 1100 | 2510 | 无机氮、活性磷酸盐<br>Inorganic Nitrogen,<br>Active Phosphate |

# 7-2 海区废弃物海洋倾倒情况（2020年）
# Ocean Dumping of Wastes by Sea Areas (2020)

单位：立方米 （m³）

| 海 区<br>Sea Area | 疏浚物<br>Dredged Materials |
|---|---|
| 合 计<br>Total | **261564838** |
| 渤黄海<br>Bohai Sea and Yellow Sea | 73813173 |
| 东 海<br>East China Sea | 106834365 |
| 南 海<br>South China Sea | 80917300 |

# 7-3 全国海洋自然保护区建设情况（2020年）
## Construction of Marine Nature Reserves (2020)

| 地　区<br>Region | 保护区面积<br>（平方千米）<br>Area of Nature<br>Reserves<br>(km²) | 保护区数量<br>（个）<br>Number of Nature<br>Reserves<br>(unit) | 按保护级别分<br>（个）<br>By Level of Protection<br>(unit) | |
| --- | --- | --- | --- | --- |
| | | | 国家级<br>National | 地方级<br>Provincial |
| 合　计<br>**Total** | **69642** | **66** | **14** | **52** |
| 天　津<br>Tianjin | 359 | 1 | 1 | 0 |
| 河　北<br>Hebei | 379 | 2 | 1 | 1 |
| 辽　宁<br>Liaoning | 867 | 4 | 1 | 3 |
| 上　海<br>Shanghai | 10 | 1 | 0 | 1 |
| 江　苏<br>Jiangsu | 34 | 1 | 0 | 1 |
| 浙　江<br>Zhejiang | 686 | 2 | 2 | 0 |
| 福　建<br>Fujian | 315 | 6 | 1 | 5 |
| 山　东<br>Shandong | 1427 | 9 | 1 | 8 |
| 广　东<br>Guangdong | 1464 | 27 | 3 | 24 |
| 广　西<br>Guangxi | 160 | 3 | 2 | 1 |
| 海　南<br>Hainan | 63941 | 10 | 2 | 8 |

# 7-4 全国海洋特别保护区建设情况（2020年）
# Construction of Marine Special Reserves (2020)

| 地　区<br>Region | 保护区面积<br>（平方千米）<br>Area of Nature<br>Reserves<br>(km$^2$) | 保护区数量<br>（个）<br>Number of Nature<br>Reserves<br>(unit) | 按保护级别分<br>（个）<br>By Level of Protection<br>(unit) | |
|---|---|---|---|---|
| | | | 国家级<br>National | 地方级<br>Provincial |
| 合　计<br>**Total** | **9456** | **79** | **67** | **12** |
| 天　津<br>Tianjin | 142 | 1 | 1 | 0 |
| 河　北<br>Hebei | 101 | 1 | 1 | 0 |
| 辽　宁<br>Liaoning | 1421 | 10 | 10 | 0 |
| 上　海<br>Shanghai | 0 | 0 | 0 | 0 |
| 江　苏<br>Jiangsu | 580 | 3 | 3 | 0 |
| 浙　江<br>Zhejiang | 3442 | 14 | 7 | 7 |
| 福　建<br>Fujian | 237 | 7 | 7 | 0 |
| 山　东<br>Shandong | 3177 | 31 | 28 | 3 |
| 广　东<br>Guangdong | 202 | 7 | 6 | 1 |
| 广　西<br>Guangxi | 60 | 2 | 2 | 0 |
| 海　南<br>Hainan | 94 | 3 | 2 | 1 |

# 7-5 全国重点海洋生态监测区域基本情况（2020年）
## Basic Condition of the Key Marine Ecological Monitored Areas Throughout the Country (2020)

| 重点监测区域<br>Key Monitored Area | 所在地<br>Location | 面积（平方千米）<br>Area (km$^2$) | 主要生态系统类型<br>Major Types of Ecosystem | 多样性指数<br>Diversity Indices | | |
|---|---|---|---|---|---|---|
| | | | | 浮游植物<br>Phyto-plankton | 大型浮游动物<br>Macrozoo-plankton | 大型底栖生物<br>Macrobenthos |
| 鸭绿江口<br>Yalu River Estuary | 辽宁省<br>Liaoning Province | 1900 | 河口<br>Estuary | 2.67 | 2.65 | 1.97 |
| 双台子河口<br>Shuangtaizi Estuary | 辽宁省<br>Liaoning Province | 3000 | 河口<br>Estuary | 1.72 | 2.61 | 1.21 |
| 滦河口-北戴河<br>Luanhe Estuary-Beidaihe | 河北省<br>Hebei Province | 900 | 河口<br>Estuary | 2.60 | 2.03 | 0.85 |
| 黄河口<br>Yellow River Estuary | 山东省<br>Shandong Province | 2600 | 河口<br>Estuary | 2.37 | 2.31 | 3.01 |
| 长江口<br>Yangtze River Estuary | 上海市<br>Shanghai Municipality | 13668 | 河口<br>Estuary | 2.77 | 2.54 | 1.41 |
| 闽江口<br>Minjiang Estuary | 福建省<br>Fujian Province | 1400 | 河口<br>Estuary | 3.12 | 2.94 | 1.72 |
| 珠江口<br>Pearl River Estuary | 广东省<br>Guangdong Province | 3980 | 河口<br>Estuary | 0.80 | 3.19 | 1.39 |

注：生物多样性指数是生物种数和种类间个体数量分配均匀性的综合表现，用Shannon-Wiener多样性指数表征。

Note: Biodiversity index refers to the comprehensive expression of the distributive homogeneity of the number of biological species and the number of individuals between varieties characterized by the Shannon-Wiener biodiversity index.

| 重点监测区域<br>Key Monitored Area | 所在地<br>Location | 面积<br>（平方千米）<br>Area<br>(km$^2$) | 主要生态系统类型<br>Major Types of Ecosystem | 多样性指数<br>Diversity Indices | | |
|---|---|---|---|---|---|---|
| | | | | 浮游植物<br>Phyto-plankton | 大型浮游动物<br>Macrozoo-plankton | 大型底栖生物<br>Macrobenthos |
| 渤海湾<br>Bohai Bay | 天津市<br>Tianjin Municipality | 3000 | 海湾<br>Bay | 2.50 | 1.94 | 0.72 |
| 胶州湾<br>Jiaozhou Bay | 山东省<br>Shandong Province | 900 | 海湾<br>Bay | 2.86 | 3.12 | 3.37 |
| 杭州湾<br>Hangzhou Bay | 上海市、浙江省<br>Shanghai Municipality,<br>Zhejiang Province | 5000 | 海湾<br>Bay | 2.95 | 2.57 | 0.47 |
| 闽东沿岸<br>Coastal East Fujian | 福建省<br>Fujian Province | 5063 | 海湾<br>Bay | 3.21 | 2.64 | 2.33 |
| 大亚湾<br>Daya Bay | 广东省<br>Guangdong Province | 1200 | 海湾<br>Bay | 2.99 | 2.56 | 2.12 |
| 北部湾<br>Beibu Gulf | 广西壮族自治区<br>Guangxi Zhuang Autonomous Region | 9000 | 海湾<br>Bay | 2.77 | 3.11 | 2.60 |
| 苏北浅滩<br>Northern Jiangsu Wetland | 江苏省<br>Jiangsu Province | 15400 | 滩涂湿地<br>Tidal Flat Wetland | 3.82 | 1.94 | 1.36 |

# 7-6 沿海地区主要海洋灾害损失情况（2020年）
## Survey of Marine Disasters by Coastal Regions (2020)

| 受灾地区<br>Disaster Area | 发生次数<br>(Frequency of occurrence) | 致灾原因<br>Cause of Disaster | 死亡（含失踪）人数<br>（人）<br>Death Toll<br>(Including missing people)<br>(person) | 直接经济损失<br>（亿元）<br>Direct Economic Loss<br>(100 million yuan) |
|---|---|---|---|---|
| 合　计<br>**Total** | **15** | 风暴潮、海浪<br>**Storm Surge,<br>Sea Wave** | **6** | **8.32** |
| 天　津<br>Tianjin | 0 | 无<br>Nil | 0 | 0.00 |
| 河　北<br>Hebei | 0 | 无<br>Nil | 0 | 0.00 |
| 辽　宁<br>Liaoning | 2 | 风暴潮<br>Storm Surge | 0 | 2.64 |
| 上　海<br>Shanghai | 0 | 无<br>Nil | 0 | 0.00 |
| 江　苏<br>Jiangsu | 2 | 海浪<br>Sea Wave | 0 | 0.19 |
| 浙　江<br>Zhejiang | 1 | 风暴潮<br>Storm Surge | 0 | 3.55 |
| 福　建<br>Fujian | 2 | 风暴潮<br>Storm Surge | 0 | 1.24 |
| 山　东<br>Shandong | 2 | 海浪<br>Sea Wave | 0 | 0.02 |
| 广　东<br>Guangdong | 1 | 风暴潮<br>Storm Surge | 0 | 0.49 |
| 广　西<br>Guangxi | 4 | 风暴潮、海浪<br>Storm Surge,<br>Sea Wave | 6 | 0.03 |
| 海　南<br>Hainan | 2 | 风暴潮、海浪<br>Storm Surge,<br>Sea Wave | 0 | 0.16 |

注：合计发生次数和各省发生次数的加和不一致，是因为存在一次灾害过程影响多个省份的情况。

Note: The inconsistency between the summations of total and provincial occurrences is due to the fact that a single disaster process affects mutiple provinces.

# 7-7 各海域发现赤潮情况（2020年）
## Statistics of Red Tide Disasters Found in Sea Areas (2020)

| 发现海域<br>Discovery sea area | 赤潮发现次数<br>（次）<br>Frequency of occurrence<br>(time) | 赤潮累计面积<br>（平方千米）<br>Comulative area<br>(km$^2$) |
|---|---|---|
| 合 计<br>**Total** | **31** | **1748** |
| 渤海海域<br>Bohai Sea | 3 | 75 |
| 黄海海域<br>Yellow Sea | 3 | <1 |
| 东海海域<br>East China Sea | 19 | 1561 |
| 南海海域<br>South China Sea | 6 | 112 |

# 7-8 沿海地区赤潮灾害情况（2020年）
# Survey of Red Tide Disasters by Coastal Regions (2020)

| 时　间<br>Date | 影响区域<br>Affected Area | 最大面积<br>（平方千米）<br>Max Area<br>(km$^2$) |
|---|---|---|
| 合　计<br>**Total** | | **1 351** |
| 4月28日至5月20日<br>Apr. 28–May 20 | 浙江　南麂—洞头—温岭以东海域<br>Sea area east of Nanji Islands, Dongtou Islands, Wenling Islands, Zhejiang Province | 380 |
| 4月29日至5月27日<br>Apr. 29–May 27 | 浙江　石浦—渔山海域<br>Nearshore Between Yushan Islands and Shipu, Zhejiang Province | 380 |
| 5月3至5日<br>May 3–May 5 | 广东　深圳湾海域<br>Sea area of Shenzhen Bay, Guangdong Province | 6 |
| 5月14至19日<br>May 14–May 19 | 浙江　台州玉环披山南面海域<br>Sea area south of Taizhou's Yuhuan Pishan Island, Zhejiang Province | 110 |
| 5月14至19日<br>May 14–May 19 | 浙江　温岭积谷山东南面海域<br>Sea area southeast of Jigu Mountain, Wenling, Zhejiang Province | 100 |
| 8月14至18日<br>Aug. 14–Aug. 18 | 浙江　朱家尖岛以东海域<br>Sea area east of Zhujiajian Island, Zhejiang Province | 300 |
| 8月21日至11月12日<br>Aug. 21–Nov. 12 | 天津　天津近岸海域<br>Offshore area of Tianjin | 75 |

注：本表仅列出最大面积超过100平方千米（含）和有毒的赤潮过程。

Note: This table only lists the red tide processes with the maximum area each exceeding (including) 100 km$^2$ and the toxic red tide processes.

# 8

# 海洋行政管理及公益服务
## Marine Administration and Public-Good Service

# 8-1 分地区海域使用权出让和审批情况（2020年）
## Granting and Approval of Sea Area Use Right by Regions (2020)

| 地 区<br>Region | 新增宗海<br>数量<br>（宗）<br>Number of<br>Newly-<br>Added<br>Seas<br>(plot) | #经营性<br>项目<br>Profit<br>Projects | 新增宗海<br>面积<br>（公顷）<br>Area of<br>Newly-<br>Added<br>Seas<br>(hm²) | #经营性<br>项目<br>Profit<br>Projects | 海域使用金<br>应缴金额<br>（万元）<br>Payable Fees for<br>Sea Area Use<br>(10000 yuan) | 海域使用金<br>减免金额<br>（万元）<br>Amount of<br>Reduction or<br>Exemption Charge<br>for Sea Area Use<br>(10000 yuan) |
|---|---|---|---|---|---|---|
| 全国总计<br>**National Total** | **2408** | **2050** | **224583.43** | **209064.86** | **1689450.59** | **149958.68** |
| 天 津<br>Tianjin | 12 | 11 | 334.92 | 334.44 | 18577.77 | 1103.54 |
| 河 北<br>Hebei | 264 | 230 | 8260.95 | 7806.98 | 123737.63 | 70879.85 |
| 辽 宁<br>Liaoning | 365 | 343 | 69195.70 | 65663.05 | 25330.55 | 233.07 |
| 上 海<br>Shanghai | 12 | 4 | 555.11 | 307.91 | 8431.75 | 924.75 |
| 江 苏<br>Jiangsu | 92 | 67 | 15727.47 | 10484.28 | 29945.81 | 3428.66 |
| 浙 江<br>Zhejiang | 230 | 172 | 13671.84 | 12801.08 | 117041.60 | 16052.54 |
| 福 建<br>Fujian | 212 | 126 | 9785.32 | 7273.48 | 24799.24 | 4140.15 |
| 山 东<br>Shandong | 469 | 446 | 78233.25 | 77835.80 | 237674.93 | 34057.78 |
| 广 东<br>Guangdong | 556 | 493 | 17631.83 | 15804.69 | 940510.31 | 12078.39 |
| 广 西<br>Guangxi | 164 | 137 | 10454.91 | 10176.28 | 104784.91 | 3559.16 |
| 海 南<br>Hainan | 25 | 14 | 469.87 | 314.61 | 51661.71 | 3500.80 |
| 其 他<br>Others | 7 | 7 | 262.27 | 262.27 | 6954.39 | 0.00 |

注：其他为沿海省（自治区、直辖市）管理海域以外（指渤海中部海域）。

Note: Others are the sea areas outside the control of coastal provinces, autonomous regions and municipalities directly under the Central Government (Referring to the Central Bohai Sea area).

# 8-2 沿海地区海滨观测台站分布概况（2020年）
## Distribution of Coastal Observation Stations
## by Coastal Regions (2020)

| 地　区<br>Region | 合　计<br>**Total** | 海洋站<br>（个）<br>Marine<br>Station<br>(Unit) | 验潮站[①]<br>（处）<br>Tide<br>Station<br>(Unit) | 气象台站<br>（个）<br>Meteorological<br>Station<br>(Unit) | 地震台站<br>（个）<br>Seismic<br>Station<br>(Unit) |
|---|---|---|---|---|---|
| 合　计 **Total** | **1467** | **161** | **269** | **882** | **155** |
| 天　津 Tianjin | **33** | 2 | 2 | 20 | 9 |
| 河　北 Hebei | **72** | 10 | | 25 | 37 |
| 辽　宁 Liaoning | **114** | 10 | 3 | 83 | 18 |
| 上　海 Shanghai | **87** | 9 | 61 | 14 | 3 |
| 江　苏 Jiangsu | **120** | 13 | 57 | 35 | 15 |
| 浙　江 Zhejiang | **242** | 29 | 36 | 171 | 6 |
| 福　建 Fujian | **183** | 16 | 11 | 142 | 14 |
| 山　东 Shandong | **120** | 28 | 3 | 63 | 26 |
| 广　东 Guangdong | **379** | 23 | 89 | 255 | 12 |
| 广　西 Guangxi | **47** | 7 | 4 | 26 | 10 |
| 海　南 Hainan | **70** | 14 | 3 | 48 | 5 |

注：①潮流量观测站80处，潮水位观测站189处。

Note: ①There are 80 tidal current observation stations and 189 tidal level observation stations.

# 8-3 国家级海洋预报服务概况（2020年）
# National Level Marine Forecast Service (2020)

单位：次 (time)

| 预报项目<br>Item | 数值预报<br>Numerical Forecast | | | |
|---|---|---|---|---|
| | 预报服务次数<br>Frequency | 发布次数<br>Frequency of Release | | |
| | | 广播电视<br>Radio and TV | 互联网<br>Internet | 纸 质<br>Paper Media |
| 合 计<br>**Total** | **10848** | **366** | **10833** | **15** |
| 海 浪<br>Sea Wave | 732 | 366 | 732 | |
| 海 温<br>Sea Surface Temperature | 2196 | | 2196 | |
| 潮 汐<br>Tide | | | | |
| 海 流<br>Sea Current | 2196 | | 2196 | |
| 海平面<br>Sea Level | | | | |
| 盐 度<br>Salinity | 2196 | | 2196 | |
| 赤 潮<br>Red Tide | | | | |
| 滨海旅游<br>Coastal Tourism | | | | |
| 海 冰<br>Sea Ice | 219 | | 219 | |
| 绿 潮<br>Green Tide | | | | |
| 溢 油<br>Oil Spill | | | | |
| 厄尔尼诺<br>El Niño | 15 | | | 15 |
| 专 项<br>Special Item | 3294 | | 3294 | |
| 其 他<br>Others | | | | |

| 预报项目<br>Item | 统计预报<br>Statistical Forecast | | | |
|---|---|---|---|---|
| | 预报服务次数<br>Frequency | 发布次数<br>Frequency of Release | | |
| | | 广播电视<br>Radio and TV | 互联网<br>Internet | 纸 质<br>Paper Media |
| 合 计<br>**Total** | **43952** | **9891** | **36161** | **10410** |
| 海 浪<br>Sea Wave | 909 | 732 | 909 | 10314 |
| 海 温<br>Sea Surface Temperature | 5230 | 3294 | 1884 | 52 |
| 潮 汐<br>Tide | | | | |
| 海 流<br>Sea Current | 732 | | 732 | |
| 海平面<br>Sea Level | | | | |
| 盐 度<br>Salinity | | | | |
| 赤 潮<br>Red Tide | | | | |
| 滨海旅游<br>Coastal Tourism | 2934 | 1464 | 2934 | |
| 海 冰<br>Sea Ice | 67 | 9 | 29 | 29 |
| 绿 潮<br>Green Tide | | | | |
| 溢 油<br>Oil Spill | | | | |
| 厄尔尼诺<br>El Niño | 15 | | | 15 |
| 专 项<br>Special Item | 34065 | 4392 | 29673 | |
| 其 他<br>Others | | | | |

# 8-4 海洋观测情况（2020年）
## Statistics on Ocean Observation (2020)

| 观测项目<br>Observation Item | 志愿船<br>Volunteer Ship | 断面<br>Section | 台站<br>Station | 浮标<br>Buoy | 雷达<br>Radar | GNSS<br>Global Navigation Satellite System |
|---|---|---|---|---|---|---|
| 站点数（个）<br>Stations (unit) | 60① | 119② | 161③ | 64 | 54 | 55 |
| 观测数据（MB）<br>Data (MB) | 1869.5 | 444.17 | 15431.68 | 881.23 | 137733.9 | 57344.0 |

注：①计量单位为艘；②计量单位为条；③含6个海上油气平台。

Notes: ① The unit of measurement is ship.
② The unit of measurement is piece.
③ Including 6 offshore oil and gas platforms.

# 8-5 海洋调查情况（2020年）
## Marine Survey Statistics (2020)

| 调查类别<br>Name | 站点数（个）<br>Number of Stations (unit) | 船舶数（艘）<br>Number of Ships (unit) | 项目数（个）<br>Number of Items (unit) | 实际获得数据<br>Quantity of Data Actually Obtained | |
|---|---|---|---|---|---|
| | | | | （个）(Unit) | (MB) |
| 合计<br>Total | **3892** | 75 | 227 | 258213 | 13975173 |
| 大洋调查<br>Oceanic Survey | 955 | 12 | 9 | 201163 | 5789659 |
| 极地调查<br>Polar Survey | 199 | 2 | 2 | 221 | 7497318 |
| 其他调查<br>Other Surveys | 2738 | 61 | 216 | 56829 | 688196 |

注：数据来源于自然资源部北海局、东海局、南海局、中国地质调查局、中国大洋矿产资源研究
开发协会办公室、中国极地研究中心、第一海洋研究所、第三海洋研究所、第四海洋研究所。

Note: The data come from the North Sea, East China Sea and South China Sea Bureaus, China Geological Survey, Office of the China Ocean Mineral Resources R&D Association, China Polar Research Centre, First Institute of Oceanography, Third Institute of Oceanography and Fourth Institute of Oceanography of the Ministry of Natural Resources.

# 8-6 海洋标准化管理情况（2020年）
# Management of Marine Standardization (2020)

单位：项 (item)

| 指　标<br>Item | 指 标 值<br>Data |
|---|---|
| 标准立项<br>Standards Proposal Approval | 0 |
| 　　国家标准<br>　　National Standards | 0 |
| 　　行业标准<br>　　Professional Standards | 0 |
| 标准审查<br>Standards Examination | 11 |
| 　　国家标准<br>　　National Standards | 1 |
| 　　行业标准<br>　　Professional Standards | 10 |
| 标准发布<br>Standards Issuing | 0 |
| 　　国家标准<br>　　National Standards | 0 |
| 　　行业标准<br>　　Professional Standards | 0 |
| 标准出版<br>Standards Publication | 0 |
| 　　国家标准<br>　　National Standards | 0 |
| 　　行业标准<br>　　Professional Standards | 0 |
| 标准实施监督检查（次）<br>Supervision and Examination of<br>Standards Implementation (time) | 0 |

# 主要统计指标解释

1. **断面观测**　每年定期利用船舶在沿海设定的断面上进行海洋水文、气象、生物、化学等项目的监测活动。

2. **浮标观测**　在海上固定站位获取长期、连续海洋环境观测资料的海上锚定资料浮标。

3. **大洋调查**　以大洋科考、研究为目的的远洋调查。

4. **极地调查**　以极地科考、研究为目的的调查。

5. **国家标准**　针对海洋领域内需要在全国范围内统一的有关技术要求所制定的国家标准。海洋国家标准由国家标准化主管部门统一批准、编号和发布。

6. **行业标准**　对没有海洋国家标准而又需要在海洋领域内统一的技术要求所制定的标准。海洋行业标准由自然资源部统一批准、编号和发布。

# Explanatory Notes on Main Statistical Indicators

**1. Sectional Monitoring** refers to the monitoring activities concerning such items as marine hydrology, meteorology, biology and chemistry carried out regularly every year on the sections set in the coastal area.

**2. Buoy Monitoring** refers to the monitoring carried out by the offshore mooring data buoys which acquire long-term, continuous marine environmental observations at the fixed stations at sea.

**3. Oceanic Survey** refers to the oceanic surveys aimed at the oceanic scientific investigations and research.

**4. Polar Survey** refers to the polar surveys aimed at the polar scientific investigations and research.

**5. National Standards** refer to the standards formulated in view of the relevant technical requirements in the marine field that need to be unified throughout the country. The marine national standards are approved, numbered and issued uniformly by the state department responsible for standardization.

**6. Professional Standards** refer to the standards formulated for the technical requirements which have no national standards but need to be unified in the marine field. The marine professional standards are approved, numbered and issued by the Ministry of Natural Resources.

# 9

# 全国及沿海社会经济

## National and Coastal
## Socioeconomy

# 9-1 国内生产总值
## Gross Domestic Product

单位：亿元 (100 million yuan)

| 年　份<br>Year | 国内生产总值<br>Gross Domestic Product | 第一产业<br>Primary Industry | 第二产业<br>Secondary Industry | 第三产业<br>Tertiary Industry |
|---|---|---|---|---|
| 2001 | 110863.1 | 15502.5 | 49659.4 | 45701.2 |
| 2002 | 121717.4 | 16190.2 | 54104.1 | 51423.1 |
| 2003 | 137422.0 | 16970.2 | 62695.8 | 57756.0 |
| 2004 | 161840.2 | 20904.3 | 74285.0 | 66650.9 |
| 2005 | 187318.9 | 21806.7 | 88082.2 | 77430.0 |
| 2006 | 219438.5 | 23317.0 | 104359.2 | 91762.2 |
| 2007 | 270092.3 | 27674.1 | 126630.5 | 115787.7 |
| 2008 | 319244.6 | 32464.1 | 149952.9 | 136827.5 |
| 2009 | 348517.7 | 33583.8 | 160168.8 | 154765.1 |
| 2010 | 412119.3 | 38430.8 | 191626.5 | 182061.9 |
| 2011 | 487940.2 | 44781.5 | 227035.1 | 216123.6 |
| 2012 | 538580.0 | 49084.6 | 244639.1 | 244856.2 |
| 2013 | 592963.2 | 53028.1 | 261951.6 | 277983.5 |
| 2014 | 643563.1 | 55626.3 | 277282.8 | 310654.0 |
| 2015 | 688858.2 | 57774.6 | 281338.9 | 349744.7 |
| 2016 | 746395.1 | 60139.2 | 295427.8 | 390828.1 |
| 2017 | 832035.9 | 62099.5 | 331580.5 | 438355.9 |
| 2018 | 919281.1 | 64745.2 | 364835.2 | 489700.8 |
| 2019 | 986515.2 | 70473.6 | 380670.6 | 535371.0 |
| 2020 | 1015986.2 | 77754.1 | 384255.3 | 553976.8 |

注：数据来源于《中国统计年鉴2021》（除特别说明外，本部分其他表同）。

Note: The data come from the *China Statistical Yearbook 2021* . Unless otherwise specified, the same applies to the other tables in Part 9.

# 9-2 国内生产总值增长速度
# Growth Rate of Gross Domestic Product

(%)

| 年　份<br>Year | 国内生产总值<br>Gross Domestic Product | 第一产业<br>Primary Industry | 第二产业<br>Secondary Industry | 第三产业<br>Tertiary Industry |
|---|---|---|---|---|
| 2001 | 8.3 | 2.6 | 8.5 | 10.3 |
| 2002 | 9.1 | 2.7 | 9.9 | 10.5 |
| 2003 | 10.0 | 2.4 | 12.7 | 9.5 |
| 2004 | 10.1 | 6.1 | 11.1 | 10.1 |
| 2005 | 11.4 | 5.1 | 12.1 | 12.4 |
| 2006 | 12.7 | 4.8 | 13.5 | 14.1 |
| 2007 | 14.2 | 3.5 | 15.1 | 16.1 |
| 2008 | 9.7 | 5.2 | 9.8 | 10.5 |
| 2009 | 9.4 | 4.0 | 10.3 | 9.6 |
| 2010 | 10.6 | 4.3 | 12.7 | 9.7 |
| 2011 | 9.6 | 4.2 | 10.7 | 9.5 |
| 2012 | 7.9 | 4.5 | 8.4 | 8.0 |
| 2013 | 7.8 | 3.8 | 8.0 | 8.3 |
| 2014 | 7.4 | 4.1 | 7.2 | 8.3 |
| 2015 | 7.0 | 3.9 | 5.9 | 8.8 |
| 2016 | 6.8 | 3.3 | 6.0 | 8.1 |
| 2017 | 6.9 | 4.0 | 5.9 | 8.3 |
| 2018 | 6.7 | 3.5 | 5.8 | 8.0 |
| 2019 | 6.0 | 3.1 | 4.9 | 7.2 |
| 2020 | 2.3 | 3.0 | 2.6 | 2.1 |

注：本表按不变价格计算（上年为基期）。

Note: This table is calculated at constant price (with the previous year as the base period).

# 9-3 沿海地区生产总值（2020年）
# Gross Regional Product of Coastal Regions (2020)

单位：亿元                                                 (100 million yuan)

| 地 区<br>Region | 地区生产总值<br>Gross Regional Product | 第一产业<br>Primary Industry | 第二产业<br>Secondary Industry | 第三产业<br>Tertiary Industry |
|---|---|---|---|---|
| 合 计<br>**Total** | **536921.4** | **30742.3** | **209286.0** | **296893.1** |
| 天 津<br>Tianjin | 14083.7 | 210.2 | 4804.1 | 9069.5 |
| 河 北<br>Hebei | 36206.9 | 3880.1 | 13597.2 | 18729.5 |
| 辽 宁<br>Liaoning | 25115.0 | 2284.6 | 9400.9 | 13429.4 |
| 上 海<br>Shanghai | 38700.6 | 103.6 | 10289.5 | 28307.5 |
| 江 苏<br>Jiangsu | 102719.0 | 4536.7 | 44226.4 | 53955.8 |
| 浙 江<br>Zhejiang | 64613.3 | 2169.2 | 26413.0 | 36031.2 |
| 福 建<br>Fujian | 43903.9 | 2732.3 | 20328.8 | 20842.8 |
| 山 东<br>Shandong | 73129.0 | 5363.8 | 28612.2 | 39153.1 |
| 广 东<br>Guangdong | 110760.9 | 4770.0 | 43450.2 | 62540.8 |
| 广 西<br>Guangxi | 22156.7 | 3555.8 | 7108.5 | 11492.4 |
| 海 南<br>Hainan | 5532.4 | 1136.0 | 1055.3 | 3341.2 |

# 9-4 沿海地区生产总值增长速度
## Growth Rate of Gross Regional Product of Coastal Regions

单位：% (%)

| 地 区<br>Region | 2011 | 2012 | 2013 | 2014 | 2015 | 2016 | 2017 | 2018 | 2019 | 2020 |
|---|---|---|---|---|---|---|---|---|---|---|
| 天 津<br>Tianjin | 16.4 | 13.8 | 12.5 | 10.0 | 9.3 | 9.1 | 3.6 | 3.6 | 4.8 | 1.5 |
| 河 北<br>Hebei | 11.3 | 9.6 | 8.2 | 6.5 | 6.8 | 6.8 | 6.6 | 6.6 | 6.8 | 3.9 |
| 辽 宁<br>Liaoning | 12.2 | 9.5 | 8.7 | 5.8 | 3.0 | -2.5 | 4.2 | 5.7 | 5.5 | 0.6 |
| 上 海<br>Shanghai | 8.2 | 7.5 | 7.7 | 7.0 | 6.9 | 6.9 | 6.9 | 6.6 | 6.0 | 1.7 |
| 江 苏<br>Jiangsu | 11.0 | 10.1 | 9.6 | 8.7 | 8.5 | 7.8 | 7.2 | 6.7 | 6.1 | 3.7 |
| 浙 江<br>Zhejiang | 9.0 | 8.0 | 8.2 | 7.6 | 8.0 | 7.6 | 7.8 | 7.1 | 6.8 | 3.6 |
| 福 建<br>Fujian | 12.3 | 11.4 | 11.0 | 9.9 | 9.0 | 8.4 | 8.1 | 8.3 | 7.6 | 3.3 |
| 山 东<br>Shandong | 10.9 | 9.8 | 9.6 | 8.7 | 8.0 | 7.6 | 7.4 | 6.4 | 5.5 | 3.6 |
| 广 东<br>Guangdong | 10.0 | 8.2 | 8.5 | 7.8 | 8.0 | 7.5 | 7.5 | 6.8 | 6.2 | 2.3 |
| 广 西<br>Guangxi | 12.3 | 11.3 | 10.2 | 8.5 | 8.1 | 7.3 | 7.1 | 6.8 | 6.0 | 3.7 |
| 海 南<br>Hainan | 12.0 | 9.1 | 9.9 | 8.5 | 7.8 | 7.5 | 7.0 | 5.8 | 5.8 | 3.5 |

注：数据来源于历年《中国统计年鉴》；
　　本表按不变价格计算（上年为基期）。

Note: The data come from the *China Statistical Yearbook* over the years.
　　This table is calculated at constant price (with the previous year as the base period).

# 9-5 沿海城市生产总值（2019年）
# Gross Regional Product of Coastal Cities (2019)

单位：亿元 (100 million yuan)

| 沿海城市<br>Coastal City | | 地区生产总值<br>Gross Regional<br>Product | 第一产业<br>Primary<br>Industry | 第二产业<br>Secondary<br>Industry | 第三产业<br>Tertiary<br>Industry |
|---|---|---|---|---|---|
| 合　计 | **Total** | **311120.9** | **13033.1** | **123790.5** | **174297.3** |
| 天　津 | **Tianjin** | **14104.3** | **185.2** | **4969.2** | **8949.9** |
| 河　北 | **Hebei** | **12090.0** | **1030.2** | **5573.8** | **5486.1** |
| 唐　山 | Tangshan | 6890.0 | 531.2 | 3613.3 | 2745.5 |
| 秦皇岛 | Qinhuangdao | 1612.0 | 206.3 | 530.1 | 875.6 |
| 沧　州 | Cangzhou | 3588.0 | 292.6 | 1430.3 | 1865.0 |
| 辽　宁 | **Liaoning** | **12259.0** | **1144.3** | **4861.4** | **6253.3** |
| 大　连 | Dalian | 7001.7 | 458.5 | 2799.9 | 3743.4 |
| 丹　东 | Dandong | 768.0 | 145.2 | 192.0 | 430.8 |
| 锦　州 | Jinzhou | 1073.0 | 198.3 | 279.2 | 595.6 |
| 营　口 | Yingkou | 1328.2 | 108.2 | 601.2 | 618.8 |
| 盘　锦 | Panjin | 1280.9 | 101.0 | 686.9 | 493.0 |
| 葫芦岛 | Huludao | 807.2 | 133.1 | 302.2 | 371.8 |
| 上　海 | **Shanghai** | **38155.3** | **103.9** | **10299.2** | **27752.3** |
| 江　苏 | **Jiangsu** | **18224.9** | **1411.4** | **8336.8** | **8476.7** |
| 南　通 | Nantong | 9383.4 | 428.8 | 4602.1 | 4352.5 |
| 连云港 | Lianyungang | 3139.3 | 362.7 | 1363.2 | 1413.4 |
| 盐　城 | Yancheng | 5702.3 | 619.9 | 2371.6 | 2710.8 |
| 浙　江 | **Zhejiang** | **51621.0** | **1557.5** | **21948.7** | **28114.9** |
| 杭　州 | Hangzhou | 15373.1 | 325.7 | 4875.1 | 10172.3 |
| 宁　波 | Ningbo | 11985.1 | 322.3 | 5782.9 | 5879.9 |
| 温　州 | Wenzhou | 6606.1 | 151.7 | 2811.9 | 3642.5 |
| 嘉　兴 | Jiaxing | 5370.3 | 120.9 | 2892.6 | 2356.9 |
| 绍　兴 | Shaoxing | 5780.7 | 208.4 | 2770.8 | 2801.6 |
| 舟　山 | Zhoushan | 1371.6 | 146.4 | 475.5 | 749.7 |
| 台　州 | Taizhou | 5134.1 | 282.1 | 2339.9 | 2512.1 |
| 福　建 | **Fujian** | **35122.9** | **1689.5** | **17129.5** | **16304.0** |
| 福　州 | Fuzhou | 9392.3 | 526.5 | 3831.0 | 5034.8 |
| 厦　门 | Xiamen | 5995.0 | 26.5 | 2494.0 | 3474.6 |
| 莆　田 | Putian | 2595.4 | 123.7 | 1378.0 | 1093.8 |
| 泉　州 | Quanzhou | 9946.7 | 218.6 | 5855.3 | 3872.8 |
| 漳　州 | Zhangzhou | 4741.8 | 480.9 | 2315.3 | 1945.7 |
| 宁　德 | Ningde | 2451.7 | 313.3 | 1256.0 | 882.4 |

注：数据来源于《2019—2020中国省市经济发展年鉴》；各沿海地区数据为沿海城市合计数。

Note: The data come from the *China Provinces and Cities Economic Development Yearbook 2019-2020* .
The data for coastal regions are the total of coastal cities.

| 沿海城市<br>Coastal City | | 地区生产总值<br>Gross Regional<br>Product | 第一产业<br>Primary<br>Industry | 第二产业<br>Secondary<br>Industry | 第三产业<br>Tertiary<br>Industry |
|---|---|---|---|---|---|
| 山 东 | **Shandong** | **35369.8** | **2310.1** | **14403.6** | **18656.0** |
| 青 岛 | Qingdao | 11741.3 | 410.0 | 4182.8 | 7148.6 |
| 东 营 | Dongying | 2916.2 | 145.7 | 1675.1 | 1095.4 |
| 烟 台 | Yantai | 7653.5 | 550.4 | 3185.5 | 3917.6 |
| 潍 坊 | Weifang | 5688.5 | 517.4 | 2291.0 | 2880.0 |
| 威 海 | Weihai | 2963.7 | 288.6 | 1196.3 | 1478.8 |
| 日 照 | Rizhao | 1949.4 | 167.8 | 831.9 | 949.7 |
| 滨 州 | Binzhou | 2457.2 | 230.2 | 1041.0 | 1186.0 |
| | | | | | |
| 广 东 | **Guangdong** | **88465.6** | **2857.4** | **34539.6** | **51068.6** |
| 广 州 | Guangzhou | 23628.6 | 251.4 | 6454.0 | 16923.2 |
| 深 圳 | Shenzhen | 26927.1 | 25.2 | 10495.8 | 16406.1 |
| 珠 海 | Zhuhai | 3435.9 | 57.4 | 1528.7 | 1849.8 |
| 汕 头 | Shantou | 2694.1 | 120.9 | 1279.7 | 1293.5 |
| 江 门 | Jiangmen | 3146.6 | 254.2 | 1352.5 | 1539.9 |
| 湛 江 | Zhanjiang | 3064.7 | 585.2 | 1055.0 | 1424.5 |
| 茂 名 | Maoming | 3252.4 | 581.6 | 1124.9 | 1545.9 |
| 惠 州 | Huizhou | 4177.4 | 205.5 | 2169.1 | 1802.8 |
| 汕 尾 | Shanwei | 1080.3 | 152.3 | 403.1 | 524.9 |
| 阳 江 | Yangjiang | 1292.2 | 247.1 | 446.1 | 599.1 |
| 东 莞 | Dongguan | 9482.5 | 28.5 | 5361.5 | 4092.5 |
| 中 山 | Zhongshan | 3101.1 | 62.6 | 1521.8 | 1516.7 |
| 潮 州 | Chaozhou | 1080.9 | 99.0 | 528.4 | 453.6 |
| 揭 阳 | Jieyang | 2101.8 | 186.6 | 818.9 | 1096.3 |
| | | | | | |
| 广 西 | **Guangxi** | **3358.3** | **600.9** | **1340.4** | **1417.0** |
| 北 海 | Beihai | 1300.8 | 211.7 | 557.8 | 531.3 |
| 防城港 | Fangchenggang | 701.2 | 109.4 | 330.8 | 261.0 |
| 钦 州 | Qinzhou | 1356.3 | 279.8 | 451.8 | 624.7 |
| | | | | | |
| 海 南 | **Hainan** | **2349.8** | **142.7** | **388.4** | **1818.7** |
| 海 口 | Haikou | 1671.9 | 71.2 | 276.0 | 1324.8 |
| 三 亚 | Sanya | 677.9 | 71.5 | 112.4 | 494.0 |

# 9-6 县级单位主要统计指标
# Main Indicators of Regions at County Level

单位：万元 (10000 yuan)

| 沿海县<br>Coastal County | | 第一产业增加值<br>Value-added of Primary Industry | | 第二产业增加值<br>Value-added of Secondary Industry | |
|---|---|---|---|---|---|
| | | 2018 | 2019 | 2018 | 2019 |
| 合　计 | Total | 64652231 | 69434228 | 296863447 | 291529129 |
| 河　北 | Hebei | 3233085 | 3471496 | 9176677 | 8175295 |
| 丰　南 | Fengnan | 410593 | 450022 | 3834621 | 3340609 |
| 滦　南 | Luannan | 740338 | 827300 | 1252796 | 911317 |
| 乐　亭 | Laoting | 754411 | 800003 | 1435627 | 1585367 |
| 昌　黎 | Changli | 612048 | 623770 | 1230123 | 1156039 |
| 抚　宁 | Funing | 304143 | 343754 | 269690 | 323986 |
| 黄　骅 | Huanghua | 325598 | 316900 | 953463 | 728194 |
| 海　兴 | Haixing | 85954 | 109747 | 200357 | 129783 |
| 辽　宁 | Liaoning | 6780136 | 7149318 | 15593440 | 10658864 |
| 长　海 | Changhai | 503115 | 511477 | 77671 | 13119 |
| 瓦房店 | Wafangdian | 1019378 | 1040077 | 5201280 | 3463945 |
| 普兰店 | Pulandian | 728776 | 786362 | 2473487 | 1391190 |
| 庄　河 | Zhuanghe | 1133486 | 1204042 | 3244677 | 1842498 |
| 东　港 | Donggang | 708344 | 761598 | 730393 | 423625 |
| 凌　海 | Linghai | 475115 | 517960 | 426205 | 279271 |
| 盖　州 | Gaizhou | 451512 | 465510 | 583416 | 406068 |
| 大　洼 | Dawa | 533026 | 550322 | 1404242 | 1259068 |
| 盘　山 | Panshan | 399088 | 422620 | 771239 | 952984 |
| 绥　中 | Suizhong | 549125 | 570350 | 511843 | 360096 |
| 兴　城 | Xingcheng | 279171 | 319000 | 168987 | 267000 |

注：数据来源于《中国县域统计年鉴2020》；各沿海地区数据为沿海县合计数。

Note: The data come from the *China Statistical Yearbook（County-level）2020*.

The data for coastal regions are the total of coastal counties.

| 沿海县<br>Coastal County | | 第一产业增加值<br>Value-added of Primary Industry | | 第二产业增加值<br>Value-added of Secondary Industry | |
|---|---|---|---|---|---|
| | | 2018 | 2019 | 2018 | 2019 |
| 江 苏 | **Jiangsu** | **9346400** | **10255900** | **40253900** | **43342900** |
| 海 安 | Hai'an | 614100 | 661300 | 4674000 | 6110100 |
| 如 东 | Rudong | 752200 | 846400 | 4391300 | 5230300 |
| 启 东 | Qidong | 720400 | 796400 | 5053400 | 5812900 |
| 海 门 | Haimen | 588000 | 638500 | 6095100 | 6957200 |
| 赣 榆 | Ganyu | 912600 | 1071000 | 2807900 | 2796500 |
| 东 海 | Donghai | 734600 | 789000 | 2077800 | 2157500 |
| 灌 云 | Guanyun | 691500 | 751000 | 1590600 | 1274700 |
| 灌 南 | Guannan | 572400 | 627000 | 1621200 | 1717000 |
| 响 水 | Xiangshui | 428200 | 466000 | 1739100 | 1790300 |
| 滨 海 | Binhai | 634500 | 673900 | 1937500 | 2014000 |
| 射 阳 | Sheyang | 876700 | 953100 | 1967100 | 2071700 |
| 东 台 | Dongtai | 990300 | 1095100 | 3561200 | 3129000 |
| 大 丰 | Dafeng | 830900 | 887200 | 2737700 | 2281700 |
| | | | | | |
| 浙 江 | **Zhejiang** | **7304457** | **7594300** | **75446169** | **82751036** |
| 象 山 | Xiangshan | 734160 | 772243 | 2255890 | 2374260 |
| 宁 海 | Ninghai | 434043 | 462672 | 3159675 | 3636063 |
| 余 姚 | Yuyao | 440840 | 477416 | 6424287 | 6640798 |
| 慈 溪 | Cixi | 522413 | 557174 | 10525944 | 11464007 |
| 奉 化 | Fenghua | 300134 | 311090 | 3552096 | 3922730 |
| 洞 头 | Dongtou | 56606 | 58584 | 366188 | 445462 |
| 平 阳 | Pingyang | 169213 | 186088 | 1792544 | 2288448 |
| 苍 南 | Cangnan | 330186 | 267624 | 2012341 | 1228353 |
| 瑞 安 | Rui'an | 236413 | 250987 | 3853664 | 4601119 |
| 乐 清 | Yueqing | 200004 | 203623 | 4566244 | 5574055 |
| 海 盐 | Haiyan | 166671 | 172060 | 2938511 | 3249670 |
| 海 宁 | Haining | 176313 | 182739 | 5380163 | 5810593 |
| 平 湖 | Pinghu | 119082 | 125454 | 4172281 | 4685262 |

| 沿海县<br>Coastal County | | | 第一产业增加值<br>Value-added of Primary Industry | | 第二产业增加值<br>Value-added of Secondary Industry | |
|---|---|---|---|---|---|---|
| | | | 2018 | 2019 | 2018 | 2019 |
| 柯 | 桥 | Keqiao | 351238 | 372120 | 7088693 | 7553843 |
| 上 | 虞 | Shangyu | 465809 | 496989 | 4717691 | 5049645 |
| 岱 | 山 | Daishan | 431695 | 395235 | 816627 | 1203106 |
| 嵊 | 泗 | Shengsi | 322000 | 339537 | 164000 | 195542 |
| 玉 | 环 | Yuhuan | 343698 | 371075 | 3145111 | 3398492 |
| 三 | 门 | Sanmen | 307058 | 334300 | 863239 | 1154400 |
| 温 | 岭 | Wenling | 751060 | 777049 | 4547930 | 5035624 |
| 临 | 海 | Linhai | 445821 | 480241 | 3103050 | 3239564 |
| 福 | 建 | **Fujian** | **9256997** | **9759311** | **63283618** | **76341221** |
| 连 | 江 | Lianjiang | 1358675 | 1376394 | 2039177 | 2490480 |
| 罗 | 源 | Luoyuan | 439929 | 461839 | 1433447 | 1702802 |
| 平 | 潭 | Pingtan | 345510 | 359000 | 718517 | 806400 |
| 福 | 清 | Fuqing | 951498 | 1005523 | 5436994 | 6042493 |
| 长 | 乐 | Changle | 538082 | 584418 | 5015332 | 6059273 |
| 仙 | 游 | Xianyou | 189219 | 208273 | 2016324 | 2888469 |
| 惠 | 安 | Hui'an | 303840 | 328825 | 7442444 | 9612238 |
| 金 | 门 | Jinmen | | | | |
| 石 | 狮 | Shishi | 254995 | 250614 | 4125569 | 4297778 |
| 晋 | 江 | Jinjiang | 202988 | 204343 | 13336858 | 15868856 |
| 南 | 安 | Nan'an | 274956 | 305535 | 6128094 | 7703570 |
| 云 | 霄 | Yunxiao | 373236 | 373245 | 1056617 | 1243049 |
| 漳 | 浦 | Zhangpu | 758520 | 836771 | 1747872 | 1885670 |
| 诏 | 安 | Zhao'an | 479332 | 516581 | 1203406 | 1382050 |
| 东 | 山 | Dongshan | 380363 | 380334 | 1071091 | 1323010 |
| 龙 | 海 | Longhai | 732557 | 792166 | 4890665 | 6417697 |
| 霞 | 浦 | Xiapu | 639438 | 674390 | 664195 | 701076 |
| 福 | 安 | Fu'an | 482146 | 516475 | 2909072 | 3619673 |
| 福 | 鼎 | Fuding | 551713 | 584585 | 2047944 | 2296637 |

| 沿海县<br>Coastal County | | | 第一产业增加值<br>Value-added of Primary Industry | | 第二产业增加值<br>Value-added of Secondary Industry | |
|---|---|---|---|---|---|---|
| | | | 2018 | 2019 | 2018 | 2019 |
| 山 | 东 | **Shandong** | **10680792** | **11007562** | **64655358** | **46612290** |
| 胶 | 州 | Jiaozhou | 532700 | 564900 | 6039500 | 5342900 |
| 即 | 墨 | Jimo | 708400 | 746300 | 7617200 | 5866700 |
| 垦 | 利 | Kenli | 280079 | 288074 | 2785281 | 1431677 |
| 利 | 津 | Lijin | 318692 | 259445 | 1728877 | 1080657 |
| 广 | 饶 | Guangrao | 446138 | 436731 | 5971015 | 3549055 |
| 长 | 岛 | Changdao | 429250 | 440943 | 44080 | 31767 |
| 龙 | 口 | Longkou | 305000 | 336427 | 6949000 | 5301028 |
| 莱 | 阳 | Laiyang | 460749 | 536345 | 1844710 | 1828520 |
| 莱 | 州 | Laizhou | 770483 | 849866 | 3991338 | 2920275 |
| 蓬 | 莱 | Penglai | 474680 | 509727 | 2637462 | 1177586 |
| 招 | 远 | Zhaoyuan | 448497 | 463572 | 3967951 | 2975330 |
| 海 | 阳 | Haiyang | 770780 | 809467 | 1252598 | 1404081 |
| 寿 | 光 | Shouguang | 994400 | 1012300 | 3556100 | 3284800 |
| 昌 | 邑 | Changyi | 478100 | 482300 | 2277100 | 1914600 |
| 文 | 登 | Wendeng | 687553 | 676600 | 3797261 | 2260200 |
| 荣 | 成 | Rongcheng | 1224391 | 1277900 | 5140238 | 3222300 |
| 乳 | 山 | Rushan | 471028 | 500700 | 2554386 | 963800 |
| 无 | 棣 | Wudi | 476037 | 422654 | 1917924 | 1548123 |
| 沾 | 化 | Zhanhua | 403835 | 393311 | 583337 | 508891 |
| | | | | | | |
| 广 | 东 | **Guangdong** | **10711273** | **12290454** | **23004135** | **18607246** |
| 南 | 澳 | Nan'ao | 87371 | 101247 | 65431 | 31424 |
| 台 | 山 | Taishan | 661704 | 1015576 | 2363014 | 1739133 |
| 恩 | 平 | Enping | 205353 | 262859 | 592933 | 518471 |
| 遂 | 溪 | Suixi | 1187126 | 1262723 | 841112 | 589850 |
| 徐 | 闻 | Xuwen | 835573 | 958097 | 170428 | 156240 |

| 沿海县<br>Coastal County | | | 第一产业增加值<br>Value-added of Primary Industry | | 第二产业增加值<br>Value-added of Secondary Industry | |
|---|---|---|---|---|---|---|
| | | | 2018 | 2019 | 2018 | 2019 |
| 廉 | 江 | Lianjiang | 1095806 | 1271627 | 2682292 | 1774668 |
| 雷 | 州 | Leizhou | 1216685 | 1297647 | 299046 | 333730 |
| 吴 | 川 | Wuchuan | 310462 | 343198 | 1190053 | 851768 |
| 电 | 白 | Dianbai | 1266524 | 1410977 | 2575608 | 2219690 |
| 惠 | 东 | Huidong | 466315 | 555846 | 2294934 | 2020978 |
| 海 | 丰 | Haifeng | 327773 | 363441 | 1078154 | 1447870 |
| 陆 | 丰 | Lufeng | 598000 | 690460 | 1273800 | 1175977 |
| 阳 | 西 | Yangxi | 569673 | 627156 | 745704 | 466824 |
| 阳 | 东 | Yangdong | 509488 | 569708 | 1354309 | 1539768 |
| 饶 | 平 | Raoping | 490900 | 629095 | 1048100 | 919418 |
| 揭 | 东 | Jiedong | 350784 | 390484 | 2799640 | 2021161 |
| 惠 | 来 | Huilai | 531736 | 540313 | 1629577 | 800276 |
| 广 | 西 | **Guangxi** | **1176503** | **1275353** | **1005578** | **797146** |
| 合 | 浦 | Hepu | 978122 | 1055573 | 644440 | 659255 |
| 东 | 兴 | Dongxing | 198381 | 219780 | 361138 | 137891 |
| 海 | 南 | **Hainan** | **6162588** | **6630534** | **4444572** | **4243131** |
| 琼 | 海 | Qionghai | 823319 | 912134 | 383343 | 360678 |
| 儋 | 州 | Danzhou | | | | |
| 文 | 昌 | Wenchang | 813325 | 876408 | 559935 | 527978 |
| 万 | 宁 | Wanning | 652683 | 700037 | 494365 | 513408 |
| 东 | 方 | Dongfang | 449445 | 484543 | 789145 | 802129 |
| 澄 | 迈 | Chengmai | 776900 | 855142 | 1025446 | 869006 |
| 临 | 高 | Lingao | 1152662 | 1207697 | 122523 | 135741 |
| 昌 | 江 | Changjiang | 306303 | 323138 | 543023 | 526198 |
| 乐 | 东 | Ledong | 728149 | 775483 | 196129 | 180525 |
| 陵 | 水 | Lingshui | 459802 | 495952 | 330663 | 327468 |

9-6 续表5 continued

| 沿海县<br>Coastal County | | 公共财政收入<br>Public Revenue of<br>Local Governments | | 公共财政支出<br>Public Expenditure of<br>Local Governments | |
|---|---|---|---|---|---|
| | | 2018 | 2019 | 2018 | 2019 |
| 合 计 | **Total** | **43219464** | **44369348** | **74312532** | **79787913** |
| 河 北 | **Hebei** | **1150679** | **1250836** | **2534199** | **2761537** |
| 丰 南 | Fengnan | 448170 | 472005 | 634882 | 673364 |
| 滦 南 | Luannan | 126660 | 140018 | 346872 | 421103 |
| 乐 亭 | Laoting | 157405 | 171254 | 352785 | 385774 |
| 昌 黎 | Changli | 145988 | 164311 | 339999 | 385007 |
| 抚 宁 | Funing | 41076 | 47561 | 189216 | 219271 |
| 黄 骅 | Huanghua | 188008 | 206811 | 492037 | 484390 |
| 海 兴 | Haixing | 43372 | 48876 | 178408 | 192628 |
| 辽 宁 | **Liaoning** | **2402996** | **2551945** | **5020734** | **5395756** |
| 长 海 | Changhai | 40010 | 41069 | 105658 | 115593 |
| 瓦房店 | Wafangdian | 633311 | 698013 | 891962 | 726623 |
| 普兰店 | Pulandian | 183448 | 161249 | 424102 | 397771 |
| 庄 河 | Zhuanghe | 358078 | 275429 | 689444 | 715723 |
| 东 港 | Donggang | 144011 | 150142 | 459905 | 478996 |
| 凌 海 | Linghai | 107899 | 116386 | 331979 | 419264 |
| 盖 州 | Gaizhou | 89760 | 96680 | 379791 | 463317 |
| 大 洼 | Dawa | 415663 | 524697 | 630245 | 742346 |
| 盘 山 | Panshan | 180308 | 216411 | 296439 | 423827 |
| 绥 中 | Suizhong | 123086 | 135955 | 381429 | 452436 |
| 兴 城 | Xingcheng | 127422 | 135914 | 429780 | 459860 |

| 沿海县<br>Coastal County | | 公共财政收入<br>Public Revenue of<br>Local Governments | | 公共财政支出<br>Public Expenditure of<br>Local Governments | |
|---|---|---|---|---|---|
| | | 2018 | 2019 | 2018 | 2019 |
| 江 苏 | **Jiangsu** | **5486922** | **5378114** | **11099789** | **11726735** |
| 海 安 | Hai'an | 617149 | 626628 | 1124934 | 1174090 |
| 如 东 | Rudong | 575510 | 577014 | 1191789 | 1325561 |
| 启 东 | Qidong | 723051 | 706527 | 952257 | 1018081 |
| 海 门 | Haimen | 710074 | 710229 | 1027114 | 1128850 |
| 赣 榆 | Ganyu | 258097 | 287835 | 695891 | 756520 |
| 东 海 | Donghai | 230035 | 240611 | 667483 | 700272 |
| 灌 云 | Guanyun | 223254 | 225879 | 565708 | 627386 |
| 灌 南 | Guannan | 224977 | 235248 | 534079 | 573325 |
| 响 水 | Xiangshui | 253504 | 220047 | 615414 | 644686 |
| 滨 海 | Binhai | 289405 | 232014 | 809997 | 813481 |
| 射 阳 | Sheyang | 263600 | 286000 | 851088 | 916788 |
| 东 台 | Dongtai | 567000 | 520016 | 1153415 | 1087027 |
| 大 丰 | Dafeng | 551266 | 510066 | 910620 | 960668 |
| | | | | | |
| 浙 江 | **Zhejiang** | **13556569** | **14511364** | **17913472** | **21175654** |
| 象 山 | Xiangshan | 409984 | 462599 | 686585 | 774649 |
| 宁 海 | Ninghai | 616311 | 660175 | 834266 | 907608 |
| 余 姚 | Yuyao | 1006321 | 1072259 | 1153702 | 1225924 |
| 慈 溪 | Cixi | 1800004 | 2016852 | 1885582 | 2165691 |
| 奉 化 | Fenghua | 494700 | 600046 | 718765 | 822653 |
| 洞 头 | Dongtou | 81758 | 97043 | 279707 | 327411 |
| 平 阳 | Pingyang | 395628 | 380260 | 715866 | 908820 |
| 苍 南 | Cangnan | 377207 | 424574 | 1053672 | 1137515 |
| 瑞 安 | Rui'an | 710898 | 796399 | 1091299 | 1399213 |
| 乐 清 | Yueqing | 943017 | 996893 | 1159263 | 1553827 |
| 海 盐 | Haiyan | 475231 | 522800 | 611813 | 872067 |
| 海 宁 | Haining | 889957 | 970200 | 831452 | 1114158 |
| 平 湖 | Pinghu | 818818 | 884488 | 867500 | 1132556 |

9-6 续表7 continued

| 沿海县<br>Coastal County | | | 公共财政收入<br>Public Revenue of<br>Local Governments | | 公共财政支出<br>Public Expenditure of<br>Local Governments | |
|---|---|---|---|---|---|---|
| | | | 2018 | 2019 | 2018 | 2019 |
| 柯 | 桥 | Keqiao | 1263560 | 1314074 | 1128860 | 1269886 |
| 上 | 虞 | Shangyu | 826461 | 895152 | 864179 | 1044758 |
| 岱 | 山 | Daishan | 241540 | 176002 | 541712 | 508962 |
| 嵊 | 泗 | Shengsi | 72008 | 78000 | 281392 | 302912 |
| 玉 | 环 | Yuhuan | 533376 | 539248 | 699759 | 802082 |
| 三 | 门 | Sanmen | 186290 | 181700 | 483152 | 536420 |
| 温 | 岭 | Wenling | 772850 | 782700 | 1078061 | 1285553 |
| 临 | 海 | Linhai | 640650 | 659900 | 946885 | 1082989 |
| | | | | | | |
| 福 | 建 | **Fujian** | **7598720** | **8018628** | **10855531** | **11045848** |
| 连 | 江 | Lianjiang | 486628 | 529586 | 706249 | 714604 |
| 罗 | 源 | Luoyuan | 149474 | 112775 | 303733 | 323621 |
| 平 | 潭 | Pingtan | 605548 | 708349 | 1347377 | 953051 |
| 福 | 清 | Fuqing | 1310062 | 1392012 | 988390 | 1170408 |
| 长 | 乐 | Changle | 766436 | 786803 | 615868 | 649809 |
| 仙 | 游 | Xianyou | 244605 | 262014 | 497477 | 566535 |
| 惠 | 安 | Hui'an | 302295 | 495749 | 551949 | 745377 |
| 金 | 门 | Jinmen | | | | |
| 石 | 狮 | Shishi | 418213 | 367535 | 542909 | 432758 |
| 晋 | 江 | Jinjiang | 1351988 | 1379111 | 1355106 | 1382720 |
| 南 | 安 | Nan'an | 459874 | 500506 | 681769 | 790568 |
| 云 | 霄 | Yunxiao | 81926 | 99128 | 282891 | 264443 |
| 漳 | 浦 | Zhangpu | 212871 | 260106 | 494463 | 573275 |
| 诏 | 安 | Zhao'an | 71244 | 63580 | 370069 | 282448 |
| 东 | 山 | Dongshan | 110807 | 104443 | 213063 | 229187 |
| 龙 | 海 | Longhai | 570710 | 529863 | 732099 | 713229 |
| 霞 | 浦 | Xiapu | 130786 | 128943 | 359466 | 378853 |
| 福 | 安 | Fu'an | 42736 | | 424242 | 470453 |
| 福 | 鼎 | Fuding | 282517 | 298125 | 388411 | 404509 |

| 沿海县<br>Coastal County | | 公共财政收入<br>Public Revenue of<br>Local Governments | | 公共财政支出<br>Public Expenditure of<br>Local Governments | |
|---|---|---|---|---|---|
| | | 2018 | 2019 | 2018 | 2019 |
| 山 东 | **Shandong** | **9441715** | **8894738** | **11860764** | **11274849** |
| 胶 州 | Jiaozhou | 1003788 | 1013877 | 1169575 | 1170272 |
| 即 墨 | Jimo | 1111918 | 1118727 | 1687264 | 1371321 |
| 垦 利 | Kenli | 243158 | 288743 | 311166 | 323678 |
| 利 津 | Lijin | 150117 | 179022 | 297146 | 302467 |
| 广 饶 | Guangrao | 443511 | 436178 | 506725 | 501820 |
| 长 岛 | Changdao | 14354 | 14360 | 94553 | 109106 |
| 龙 口 | Longkou | 1044617 | 1010077 | 1038079 | 1006533 |
| 莱 阳 | Laiyang | 220716 | 222226 | 432279 | 446048 |
| 莱 州 | Laizhou | 615007 | 400017 | 665486 | 461105 |
| 蓬 莱 | Penglai | 351975 | 330003 | 422471 | 414697 |
| 招 远 | Zhaoyuan | 612500 | 531231 | 611626 | 600782 |
| 海 阳 | Haiyang | 323606 | 282020 | 412265 | 422922 |
| 寿 光 | Shouguang | 934769 | 944116 | 992904 | 1012670 |
| 昌 邑 | Changyi | 317140 | 320932 | 446908 | 443383 |
| 文 登 | Wendeng | 537598 | 451369 | 652151 | 570068 |
| 荣 成 | Rongcheng | 748499 | 636018 | 998279 | 1034539 |
| 乳 山 | Rushan | 330268 | 278898 | 445043 | 379719 |
| 无 棣 | Wudi | 322124 | 285918 | 446135 | 410482 |
| 沾 化 | Zhanhua | 116050 | 151006 | 230709 | 293237 |
| | | | | | |
| 广 东 | **Guangdong** | **1984265** | **2056546** | **9123168** | **10187980** |
| 南 澳 | Nan'ao | 26164 | 26626 | 126005 | 145260 |
| 台 山 | Taishan | 292425 | 316523 | 622878 | 697268 |
| 恩 平 | Enping | 114041 | 120947 | 301876 | 364587 |
| 遂 溪 | Suixi | 74075 | 80205 | 458127 | 499295 |
| 徐 闻 | Xuwen | 49510 | 53984 | 394450 | 409536 |

| 沿海县<br>Coastal County | | 公共财政收入<br>Public Revenue of<br>Local Governments | | 公共财政支出<br>Public Expenditure of<br>Local Governments | |
|---|---|---|---|---|---|
| | | 2018 | 2019 | 2018 | 2019 |
| 廉 江 | Lianjiang | 120850 | 128233 | 777929 | 893025 |
| 雷 州 | Leizhou | 55187 | 58747 | 714468 | 709138 |
| 吴 川 | Wuchuan | 84482 | 100838 | 485297 | 544887 |
| 电 白 | Dianbai | 205169 | 213687 | 856723 | 1056908 |
| 惠 东 | Huidong | 347431 | 317644 | 720478 | 791525 |
| 海 丰 | Haifeng | 85598 | 96412 | 619139 | 694935 |
| 陆 丰 | Lufeng | 74253 | 80255 | 810092 | 881565 |
| 阳 西 | Yangxi | 65480 | 79105 | 255018 | 373703 |
| 阳 东 | Yangdong | 140880 | 148939 | 381305 | 392874 |
| 饶 平 | Raoping | 81463 | 83000 | 552127 | 613907 |
| 揭 东 | Jiedong | 115621 | 105501 | 463907 | 535867 |
| 惠 来 | Huilai | 51636 | 45900 | 583349 | 583700 |
| 广 西 | **Guangxi** | **127046** | **147785** | **735127** | **749884** |
| 合 浦 | Hepu | 77614 | 96318 | 526131 | 538115 |
| 东 兴 | Dongxing | 49432 | 51467 | 208996 | 211769 |
| 海 南 | **Hainan** | **1470552** | **1559392** | **5169748** | **5469670** |
| 琼 海 | Qionghai | 162041 | 149982 | 570822 | 616270 |
| 儋 州 | Danzhou | | | | |
| 文 昌 | Wenchang | 137090 | 138684 | 732457 | 726441 |
| 万 宁 | Wanning | 148515 | 150313 | 604010 | 622736 |
| 东 方 | Dongfang | 139519 | 151668 | 558431 | 574500 |
| 澄 迈 | Chengmai | 246743 | 267989 | 622998 | 767130 |
| 临 高 | Lingao | 55916 | 61881 | 556513 | 570758 |
| 昌 江 | Changjiang | 128884 | 141289 | 354613 | 323398 |
| 乐 东 | Ledong | 74965 | 81011 | 509754 | 541018 |
| 陵 水 | Lingshui | 376879 | 416575 | 660150 | 727419 |

# 9-7 沿海地区一般公共预算收入与支出（2020年）
## General Public Budget Revenue and Expenditure
## by Coastal Regions (2020)

单位：亿元                                            (100 million yuan)

| 地 区<br>Region | 地方一般公共预算收入<br>General Public Budget Revenue | 地方一般公共预算支出<br>General Public Budget Expenditure |
|---|---|---|
| 合 计<br>**Total** | **56854.7** | **92086.3** |
| 天 津<br>Tianjin | 1923.1 | 3151.4 |
| 河 北<br>Hebei | 3826.5 | 9022.8 |
| 辽 宁<br>Liaoning | 2655.8 | 6014.2 |
| 上 海<br>Shanghai | 7046.3 | 8102.1 |
| 江 苏<br>Jiangsu | 9059.0 | 13681.6 |
| 浙 江<br>Zhejiang | 7248.2 | 10082.0 |
| 福 建<br>Fujian | 3079.0 | 5216.1 |
| 山 东<br>Shandong | 6559.9 | 11233.5 |
| 广 东<br>Guangdong | 12923.8 | 17430.8 |
| 广 西<br>Guangxi | 1716.9 | 6179.5 |
| 海 南<br>Hainan | 816.1 | 1972.5 |

# 9-8 沿海地区教育基本情况（2020年）
# Basic Conditions of Education by Coastal Regions (2020)

| 地 区<br>Region | 普通高等学校（机构）数<br>（所）<br>Number of Regular Higher Education Institutions<br>(unit) | 本、专科在校学生数<br>（人）<br>Number of Enrollment in Normal and Short-cycle Courses<br>(person) | 本、专科毕业生数<br>（人）<br>Number of Students Graduated in Normal and Short-cycle Courses<br>(person) |
|---|---|---|---|
| 全国总计<br>National Total | 2738 | 32852948 | 7971991 |
| 天 津<br>Tianjin | 56 | 572152 | 142720 |
| 河 北<br>Hebei | 125 | 1604798 | 385125 |
| 辽 宁<br>Liaoning | 114 | 1140799 | 255997 |
| 上 海<br>Shanghai | 63 | 540693 | 135605 |
| 江 苏<br>Jiangsu | 167 | 2014698 | 512941 |
| 浙 江<br>Zhejiang | 109 | 1148737 | 286558 |
| 福 建<br>Fujian | 89 | 947187 | 207706 |
| 山 东<br>Shandong | 152 | 2291483 | 605382 |
| 广 东<br>Guangdong | 154 | 2400227 | 550090 |
| 广 西<br>Guangxi | 82 | 1184167 | 262817 |
| 海 南<br>Hainan | 21 | 230062 | 51260 |

# 9-9 沿海地区卫生基本情况（2020年）
# Basic Conditions of Public Health by Coastal Regions (2020)

| 地 区<br>Region | 医疗卫生机构数<br>（个）<br>Health Care Institutions<br>(unit) | 医疗卫生机构床位数<br>（万张）<br>Number of Beds in Health<br>Care Institutions<br>(10000 beds) | 卫生人员<br>（人）<br>Number of Employed<br>Persons in Health Care<br>Institutions<br>(person) |
|---|---|---|---|
| 全国总计<br>**National Total** | **1022922** | **910.1** | **13474992** |
| 天 津<br>Tianjin | 5838 | 6.8 | 143185 |
| 河 北<br>Hebei | 86939 | 44.2 | 674956 |
| 辽 宁<br>Liaoning | 34131 | 31.4 | 401501 |
| 上 海<br>Shanghai | 5897 | 15.2 | 261404 |
| 江 苏<br>Jiangsu | 35747 | 53.5 | 823261 |
| 浙 江<br>Zhejiang | 34400 | 36.1 | 659781 |
| 福 建<br>Fujian | 28105 | 21.7 | 351036 |
| 山 东<br>Shandong | 84872 | 64.7 | 1027917 |
| 广 东<br>Guangdong | 55900 | 56.5 | 1006226 |
| 广 西<br>Guangxi | 33875 | 29.6 | 472215 |
| 海 南<br>Hainan | 6127 | 5.8 | 94096 |

# 9-10 沿海地区电力消费量
## Electricity Consumption by Coastal Region

单位：亿千瓦·时 (100 million kW-h)

| 地 区<br>Region | 2018 | 2019 | 2020 |
|---|---|---|---|
| 天 津<br>Tianjin | 861 | 878 | 875 |
| 河 北<br>Hebei | 3666 | 3856 | 3934 |
| 辽 宁<br>Liaoning | 2302 | 2401 | 2423 |
| 上 海<br>Shanghai | 1567 | 1569 | 1576 |
| 江 苏<br>Jiangsu | 6128 | 6264 | 6374 |
| 浙 江<br>Zhejiang | 4533 | 4706 | 4830 |
| 福 建<br>Fujian | 2314 | 2402 | 2483 |
| 山 东<br>Shandong | 5917 | 6219 | 6940 |
| 广 东<br>Guangdong | 6323 | 6696 | 6926 |
| 广 西<br>Guangxi | 1703 | 1907 | 2029 |
| 海 南<br>Hainan | 327 | 355 | 363 |

# 9-11 沿海地区供水用水情况（2020年）
## Water Supply and Water Use by Coastal Regions (2020)

| 地 区<br>Region | 供水总量<br>（亿立方米）<br>Water Supply<br>(100 million m³) | 人均用水量<br>（立方米/人）<br>Per Capita Water Use<br>(m³/person) |
|---|---|---|
| 全国总计<br>**National Total** | **5812.9** | **411.9** |
| 天 津<br>Tianjin | 27.8 | 200.6 |
| 河 北<br>Hebei | 182.8 | 245.2 |
| 辽 宁<br>Liaoning | 129.3 | 303.1 |
| 上 海<br>Shanghai | 97.5 | 392.4 |
| 江 苏<br>Jiangsu | 572.0 | 675.1 |
| 浙 江<br>Zhejiang | 163.9 | 255.2 |
| 福 建<br>Fujian | 183.0 | 441.1 |
| 山 东<br>Shandong | 222.5 | 219.5 |
| 广 东<br>Guangdong | 405.1 | 322.6 |
| 广 西<br>Guangxi | 261.1 | 522.1 |
| 海 南<br>Hainan | 44.0 | 438.5 |

# 9-12 沿海地区固定资产投资（不含农户）
## 增长情况（2020年）

# Growth Rate of Total Investment (Excluding Rural Households)
## over Preceding Year by Coastal Regions (2020)

单位：% (%)

| 地 区<br>Region | 全部投资<br>Total Investment | #基础设施<br>Infrastructure | 制造业<br>Manufacturing |
|---|---|---|---|
| 全 国<br>**National Average** | **2.9** | **0.9** | **-2.2** |
| 天 津<br>Tianjin | 3.0 | 26.7 | 0.6 |
| 河 北<br>Hebei | 3.2 | 14.9 | -10.1 |
| 辽 宁<br>Liaoning | 2.6 | 6.0 | -7.0 |
| 上 海<br>Shanghai | 10.3 | -1.4 | 20.6 |
| 江 苏<br>Jiangsu | 0.3 | 0.1 | -8.6 |
| 浙 江<br>Zhejiang | 5.4 | 2.8 | 3.4 |
| 福 建<br>Fujian | -0.4 | -9.8 | -2.3 |
| 山 东<br>Shandong | 3.6 | -0.7 | 7.6 |
| 广 东<br>Guangdong | 7.2 | 11.6 | -5.1 |
| 广 西<br>Guangxi | 4.2 | 12.9 | 4.2 |
| 海 南<br>Hainan | 8.0 | 1.1 | 49.7 |

# 9-13 沿海地区按收发货人所在地分货物
# 进出口总额（2020年）

## Total Value of Imports and Exports by Location of Importers/Exporters of Coastal Regions (2020)

单位：亿美元 (USD 100 million)

| 地区<br>Region | 进出口<br>Total | 出口<br>Exports | 进口<br>Imports |
|---|---|---|---|
| 全国总计<br>**National Total** | **46559.1** | **25899.5** | **20659.6** |
| 天　津<br>Tianjin | 1063.2 | 443.5 | 619.7 |
| 河　北<br>Hebei | 644.7 | 364.5 | 280.2 |
| 辽　宁<br>Liaoning | 948.3 | 383.3 | 565.0 |
| 上　海<br>Shanghai | 5038.3 | 1980.4 | 3057.9 |
| 江　苏<br>Jiangsu | 6428.3 | 3961.3 | 2467.1 |
| 浙　江<br>Zhejiang | 4885.4 | 3631.1 | 1254.3 |
| 福　建<br>Fujian | 2035.8 | 1223.8 | 812.0 |
| 山　东<br>Shandong | 3202.1 | 1889.2 | 1312.9 |
| 广　东<br>Guangdong | 10240.2 | 6282.6 | 3957.7 |
| 广　西<br>Guangxi | 704.1 | 391.8 | 312.4 |
| 海　南<br>Hainan | 135.9 | 40.2 | 95.6 |

# 9-14 沿海地区城镇居民人均可支配收入和
## 人均消费支出（2020年）
# Per Capita Disposable Income and Consumption Expenditure of
## Urban Households by Coastal Regions (2020)

单位：元 (yuan)

| 地 区<br>Region | 可支配收入<br>Disposable<br>Income | #工资性收入<br>Income from Wages and Salaries | 消费支出<br>Consumption Expenditure |
|---|---|---|---|
| 全 国<br>**National Average** | **43833.8** | **26380.7** | **27007.4** |
| 天 津<br>Tianjin | 47658.5 | 30052.7 | 30894.7 |
| 河 北<br>Hebei | 37285.7 | 23602.4 | 23167.4 |
| 辽 宁<br>Liaoning | 40375.9 | 22801.1 | 24849.1 |
| 上 海<br>Shanghai | 76437.3 | 43802.5 | 44839.3 |
| 江 苏<br>Jiangsu | 53101.7 | 31167.7 | 30882.2 |
| 浙 江<br>Zhejiang | 62699.3 | 35369.6 | 36196.9 |
| 福 建<br>Fujian | 47160.3 | 29119.1 | 30486.5 |
| 山 东<br>Shandong | 43726.3 | 27250.0 | 27291.1 |
| 广 东<br>Guangdong | 50257.0 | 35429.3 | 33511.3 |
| 广 西<br>Guangxi | 35859.3 | 20241.2 | 20906.5 |
| 海 南<br>Hainan | 37097.0 | 23626.1 | 23559.9 |

# 9-15 沿海地区农村居民人均可支配收入和
## 人均消费支出（2020年）

# Per Capita Disposable Income and Consumption Expenditure of
## Rural Households by Coastal Regions (2020)

单位：元                                                        (yuan)

| 地 区<br>Region | 可支配收入<br>Disposable Income | #工资性收入<br>Income from Wages and Salaries | 消费支出<br>Consumption Expenditure |
|---|---|---|---|
| 全 国<br>National Average | **17131.5** | **6973.9** | **13713.4** |
| 天 津<br>Tianjin | 25690.6 | 14384.5 | 16844.1 |
| 河 北<br>Hebei | 16467.0 | 8598.4 | 12644.2 |
| 辽 宁<br>Liaoning | 17450.3 | 6511.3 | 12311.2 |
| 上 海<br>Shanghai | 34911.3 | 21067.2 | 22095.5 |
| 江 苏<br>Jiangsu | 24198.5 | 11789.0 | 17021.7 |
| 浙 江<br>Zhejiang | 31930.5 | 19509.7 | 21555.4 |
| 福 建<br>Fujian | 20880.3 | 9411.0 | 16338.9 |
| 山 东<br>Shandong | 18753.2 | 7590.9 | 12660.4 |
| 广 东<br>Guangdong | 20143.4 | 10613.5 | 17132.3 |
| 广 西<br>Guangxi | 14814.9 | 4638.2 | 12431.1 |
| 海 南<br>Hainan | 16278.8 | 6752.8 | 13169.3 |

# 9-16 沿海地区年末人口数
## Population at Year-end by Coastal Regions

单位：万人

(10000 persons)

| 地　区<br>Region | 2018 | 2019 | 2020 |
|---|---|---|---|
| 全国总计<br>**National Total** | **140541** | **141008** | **141212** |
| 天　津<br>Tianjin | 1383 | 1385 | 1387 |
| 河　北<br>Hebei | 7426 | 7447 | 7464 |
| 辽　宁<br>Liaoning | 4291 | 4277 | 4255 |
| 上　海<br>Shanghai | 2475 | 2481 | 2488 |
| 江　苏<br>Jiangsu | 8446 | 8469 | 8477 |
| 浙　江<br>Zhejiang | 6273 | 6375 | 6468 |
| 福　建<br>Fujian | 4104 | 4137 | 4161 |
| 山　东<br>Shandong | 10077 | 10106 | 10165 |
| 广　东<br>Guangdong | 12348 | 12489 | 12624 |
| 广　西<br>Guangxi | 4947 | 4982 | 5019 |
| 海　南<br>Hainan | 982 | 995 | 1012 |

# 9-17 沿海城市年末户籍人口
## Population with Residence Registration at Year-end of Coastal Cities

单位：万人                                                                (10000 persons)

| 沿海城市<br>Coastal City | | 2017 | 2018 | 2019 |
|---|---|---|---|---|
| 合 计 | **Total** | **25662** | **25958** | **27236** |
| 天 津 | **Tianjin** | **1050** | **1082** | **1108** |
| 河 北 | **Hebei** | **1832** | **1841** | **1845** |
| 唐 山 | Tangshan | 755 | 758 | 756 |
| 秦皇岛 | Qinhuangdao | 298 | 300 | 301 |
| 沧 州 | Cangzhou | 778 | 783 | 787 |
| 辽 宁 | **Liaoning** | **1765** | **1762** | **1762** |
| 大 连 | Dalian | 595 | 595 | 599 |
| 丹 东 | Dandong | 235 | 234 | 233 |
| 锦 州 | Jinzhou | 296 | 295 | 293 |
| 营 口 | Yingkou | 232 | 231 | 231 |
| 盘 锦 | Panjin | 130 | 130 | 130 |
| 葫芦岛 | Huludao | 277 | 276 | 276 |
| 上 海 | **Shanghai** | **1455** | **1462** | **1469** |
| 江 苏 | **Jiangsu** | **2123** | **2122** | **2116** |
| 南 通 | Nantong | 764 | 763 | 760 |
| 连云港 | Lianyungang | 533 | 534 | 534 |
| 盐 城 | Yancheng | 826 | 825 | 821 |

注：数据来源于《2019—2020中国省市经济发展年鉴》和各省（自治区、直辖市）统计年鉴；
   各沿海地区数据为沿海城市合计数；

Note: The data come from the *China Provinces and Cities Economic Development Yearbook* 2019-2020 and the statistical yearbooks of provinces, autonomous regions and municipalities directly under the Central Government.

The data for coastal regions are the total of coastal cities.

| 沿海城市<br>Coastal City | | 2017 | 2018 | 2019 |
|---|---|---|---|---|
| 浙 江 | **Zhejiang** | **3679** | **3716** | **3751** |
| 杭 州 | Hangzhou | 754 | 774 | 795 |
| 宁 波 | Ningbo | 597 | 603 | 608 |
| 温 州 | Wenzhou | 825 | 829 | 832 |
| 嘉 兴 | Jiaxing | 356 | 360 | 364 |
| 绍 兴 | Shaoxing | 446 | 447 | 448 |
| 舟 山 | Zhoushan | 97 | 97 | 97 |
| 台 州 | Taizhou | 604 | 605 | 607 |
| | | | | |
| 福 建 | **Fujian** | **2887** | **2935** | **2973** |
| 福 州 | Fuzhou | 693 | 703 | 710 |
| 厦 门 | Xiamen | 231 | 243 | 261 |
| 莆 田 | Putian | 355 | 360 | 363 |
| 泉 州 | Quanzhou | 742 | 755 | 761 |
| 漳 州 | Zhangzhou | 514 | 521 | 522 |
| 宁 德 | Ningde | 351 | 354 | 356 |
| | | | | |
| 山 东 | **Shandong** | **3514** | **3542** | **3563** |
| 青 岛 | Qingdao | 803 | 818 | 830 |
| 东 营 | Dongying | 195 | 197 | 198 |
| 烟 台 | Yantai | 654 | 654 | 653 |
| 潍 坊 | Weifang | 908 | 914 | 918 |
| 威 海 | Weihai | 256 | 257 | 257 |
| 日 照 | Rizhao | 304 | 307 | 308 |
| 滨 州 | Binzhou | 394 | 397 | 398 |

| 沿海城市<br>Coastal City | | 2017 | 2018 | 2019 |
|---|---|---|---|---|
| 广　东 | **Guangdong** | **6457** | **6614** | **6745** |
| 广　州 | Guangzhou | 898 | 928 | 954 |
| 深　圳 | Shenzhen | 446 | 498 | 542 |
| 珠　海 | Zhuhai | 119 | 127 | 133 |
| 汕　头 | Shantou | 565 | 569 | 572 |
| 江　门 | Jiangmen | 396 | 399 | 400 |
| 湛　江 | Zhanjiang | 839 | 848 | 854 |
| 茂　名 | Maoming | 804 | 811 | 818 |
| 惠　州 | Huizhou | 369 | 381 | 390 |
| 汕　尾 | Shanwei | 363 | 364 | 365 |
| 阳　江 | Yangjiang | 297 | 300 | 301 |
| 东　莞 | Dongguan | 211 | 232 | 251 |
| 中　山 | Zhongshan | 170 | 177 | 183 |
| 潮　州 | Chaozhou | 276 | 276 | 276 |
| 揭　阳 | Jieyang | 703 | 705 | 707 |
| 广　西 | **Guangxi** | **684** | **693** | **698** |
| 北　海 | Beihai | 175 | 178 | 180 |
| 防城港 | Fangchenggang | 98 | 99 | 100 |
| 钦　州 | Qinzhou | 411 | 415 | 418 |
| 海　南 | **Hainan** | **230** | **239** | **246** |
| 海　口 | Haikou | 171 | 178 | 183 |
| 三　亚 | Sanya | 59 | 61 | 63 |

# 9-18 沿海县户籍总人口
# Total Population of Household Registration of Coastal Counties

单位：万人 (10000 persons)

| 沿海县<br>Coastal County | | 2017 | 2018 | 2019 |
|---|---|---|---|---|
| 合 计 | **Total** | 8703 | 8723 | 8702 |
| 河 北 | **Hebei** | 313 | 314 | 313 |
| 丰 南 | Fengnan | 53 | 54 | 54 |
| 滦 南 | Luannan | 57 | 57 | 57 |
| 乐 亭 | Laoting | 45 | 45 | 44 |
| 昌 黎 | Changli | 53 | 52 | 52 |
| 抚 宁 | Funing | 33 | 34 | 33 |
| 黄 骅 | Huanghua | 48 | 48 | 49 |
| 海 兴 | Haixing | 24 | 24 | 24 |
| 辽 宁 | **Liaoning** | 631 | 630 | 631 |
| 长 海 | Changhai | 7 | 7 | 7 |
| 瓦房店 | Wafangdian | 99 | 99 | 98 |
| 普兰店 | Pulandian | 73 | 73 | 77 |
| 庄 河 | Zhuanghe | 89 | 89 | 89 |
| 东 港 | Donggang | 59 | 60 | 59 |
| 凌 海 | Linghai | 51 | 50 | 50 |
| 盖 州 | Gaizhou | 70 | 69 | 68 |
| 大 洼 | Dawa | 39 | 39 | 39 |
| 盘 山 | Panshan | 27 | 27 | 27 |
| 绥 中 | Suizhong | 64 | 64 | 64 |
| 兴 城 | Xingcheng | 53 | 53 | 53 |

注：数据来源于《中国县域统计年鉴2020》；各沿海地区数据为沿海县合计数。
Note: The data come from the *China Statistical Yearbook (County-level) 2020*.
　　　The data for coastal regions are the total of coastal counties.

| 沿海县<br>Coastal County | | 2017 | 2018 | 2019 |
|---|---|---|---|---|
| 江 苏 | **Jiangsu** | **1301** | **1298** | **1291** |
| 海 安 | Hai'an | 93 | 93 | 92 |
| 如 东 | Rudong | 103 | 102 | 101 |
| 启 东 | Qidong | 112 | 111 | 110 |
| 海 门 | Haimen | 100 | 100 | 99 |
| 赣 榆 | Ganyu | 120 | 120 | 120 |
| 东 海 | Donghai | 124 | 125 | 125 |
| 灌 云 | Guanyun | 104 | 104 | 103 |
| 灌 南 | Guannan | 82 | 82 | 82 |
| 响 水 | Xiangshui | 62 | 62 | 62 |
| 滨 海 | Binhai | 123 | 123 | 122 |
| 射 阳 | Sheyang | 96 | 95 | 95 |
| 东 台 | Dongtai | 111 | 110 | 109 |
| 大 丰 | Dafeng | 71 | 71 | 71 |
| | | | | |
| 浙 江 | **Zhejiang** | **1508** | **1512** | **1474** |
| 象 山 | Xiangshan | 55 | 55 | 55 |
| 宁 海 | Ninghai | 63 | 63 | 63 |
| 余 姚 | Yuyao | 84 | 84 | 84 |
| 慈 溪 | Cixi | 105 | 106 | 106 |
| 奉 化 | Fenghua | 48 | 48 | 48 |
| 洞 头 | Dongtou | 15 | 15 | 15 |
| 平 阳 | Pingyang | 89 | 89 | 88 |
| 苍 南 | Cangnan | 135 | 135 | 97 |
| 瑞 安 | Rui'an | 125 | 125 | 126 |
| 乐 清 | Yueqing | 130 | 131 | 131 |
| 海 盐 | Haiyan | 39 | 38 | 38 |
| 海 宁 | Haining | 69 | 70 | 70 |
| 平 湖 | Pinghu | 50 | 50 | 50 |

| 沿海县<br>Coastal County | | 2017 | 2018 | 2019 |
|---|---|---|---|---|
| 柯 桥 | Keqiao | 67 | 68 | 69 |
| 上 虞 | Shangyu | 78 | 78 | 78 |
| 岱 山 | Daishan | 18 | 18 | 18 |
| 嵊 泗 | Shengsi | 8 | 8 | 7 |
| 玉 环 | Yuhuan | 43 | 44 | 44 |
| 三 门 | Sanmen | 45 | 45 | 45 |
| 温 岭 | Wenling | 122 | 122 | 122 |
| 临 海 | Linhai | 120 | 120 | 120 |
| 福 建 | **Fujian** | **1379** | **1401** | **1403** |
| 连 江 | Lianjiang | 68 | 68 | 68 |
| 罗 源 | Luoyuan | 27 | 27 | 27 |
| 平 潭 | Pingtan | 44 | 45 | 45 |
| 福 清 | Fuqing | 137 | 138 | 139 |
| 长 乐 | Changle | 74 | 75 | 76 |
| 仙 游 | Xianyou | 116 | 117 | 118 |
| 惠 安 | Hui'an | 102 | 104 | 105 |
| 金 门 | Jinmen | | | |
| 石 狮 | Shishi | 34 | 35 | 35 |
| 晋 江 | Jinjiang | 115 | 118 | 119 |
| 南 安 | Nan'an | 164 | 171 | 167 |
| 云 霄 | Yunxiao | 46 | 47 | 47 |
| 漳 浦 | Zhangpu | 93 | 94 | 94 |
| 诏 安 | Zhao'an | 67 | 68 | 68 |
| 东 山 | Dongshan | 22 | 22 | 22 |
| 龙 海 | Longhai | 89 | 90 | 90 |
| 霞 浦 | Xiapu | 54 | 55 | 55 |
| 福 安 | Fu'an | 67 | 67 | 68 |
| 福 鼎 | Fuding | 60 | 60 | 60 |

| 沿海县<br>Coastal County | | 2017 | 2018 | 2019 |
|---|---|---|---|---|
| 山 东 | **Shandong** | **1149** | **1146** | **1146** |
| 胶 州 | Jiaozhou | 85 | 86 | 87 |
| 即 墨 | Jimo | 117 | 118 | 118 |
| 垦 利 | Kenli | 24 | 24 | 24 |
| 利 津 | Lijin | 31 | 31 | 31 |
| 广 饶 | Guangrao | 53 | 53 | 53 |
| 长 岛 | Changdao | 4 | 4 | 4 |
| 龙 口 | Longkou | 64 | 64 | 64 |
| 莱 阳 | Laiyang | 87 | 86 | 85 |
| 莱 州 | Laizhou | 85 | 84 | 84 |
| 蓬 莱 | Penglai | 40 | 40 | 40 |
| 招 远 | Zhaoyuan | 57 | 56 | 56 |
| 海 阳 | Haiyang | 65 | 64 | 64 |
| 寿 光 | Shouguang | 110 | 110 | 111 |
| 昌 邑 | Changyi | 59 | 59 | 59 |
| 文 登 | Wendeng | 58 | 57 | 57 |
| 荣 成 | Rongcheng | 66 | 66 | 66 |
| 乳 山 | Rushan | 55 | 55 | 54 |
| 无 棣 | Wudi | 49 | 49 | 49 |
| 沾 化 | Zhanhua | 40 | 40 | 40 |
| | | | | |
| 广 东 | **Guangdong** | **1856** | **1850** | **1868** |
| 南 澳 | Nan'ao | 8 | 8 | 8 |
| 台 山 | Taishan | 97 | 97 | 97 |
| 恩 平 | Enping | 50 | 50 | 50 |
| 遂 溪 | Suixi | 110 | 111 | 111 |
| 徐 闻 | Xuwen | 78 | 78 | 79 |

| 沿海县<br>Coastal County | | 2017 | 2018 | 2019 |
|---|---|---|---|---|
| 廉 江 | Lianjiang | 182 | 185 | 185 |
| 雷 州 | Leizhou | 182 | 184 | 185 |
| 吴 川 | Wuchuan | 121 | 122 | 123 |
| 电 白 | Dianbai | 193 | 195 | 197 |
| 惠 东 | Huidong | 88 | 89 | 90 |
| 海 丰 | Haifeng | 86 | 78 | 78 |
| 陆 丰 | Lufeng | 190 | 191 | 191 |
| 阳 西 | Yangxi | 54 | 55 | 55 |
| 阳 东 | Yangdong | 51 | 51 | 52 |
| 饶 平 | Raoping | 107 | 107 | 107 |
| 揭 东 | Jiedong | 111 | 112 | 112 |
| 惠 来 | Huilai | 148 | 137 | 148 |
| 广 西 | **Guangxi** | **124** | **125** | **126** |
| 东 兴 | Dongxing | 15 | 15 | 16 |
| 合 浦 | Hepu | 109 | 110 | 110 |
| 海 南 | **Hainan** | **442** | **447** | **450** |
| 琼 海 | Qionghai | 52 | 52 | 52 |
| 儋 州 | Danzhou | | | |
| 文 昌 | Wenchang | 60 | 60 | 60 |
| 万 宁 | Wanning | 62 | 63 | 64 |
| 东 方 | Dongfang | 45 | 46 | 46 |
| 澄 迈 | Chengmai | 56 | 57 | 57 |
| 临 高 | Lingao | 50 | 50 | 51 |
| 昌 江 | Changjiang | 25 | 26 | 26 |
| 乐 东 | Ledong | 54 | 54 | 55 |
| 陵 水 | Lingshui | 38 | 39 | 39 |

# 9-19 沿海地区就业人员数
## Employed Persons by Coastal Regions

单位：万人 (10000 persons)

| 地　区<br>Region | 2018 | 2019 | 2020 |
|---|---|---|---|
| 合　计<br>**Total** | **36869** | **36673** | **34527** |
| 天　津<br>Tianjin | 897 | 897 | 647 |
| 河　北<br>Hebei | 4196 | 4182 | 3671 |
| 辽　宁<br>Liaoning | 2261 | 2238 | 2231 |
| 上　海<br>Shanghai | 1376 | 1376 | 1374 |
| 江　苏<br>Jiangsu | 4887 | 4903 | 4893 |
| 浙　江<br>Zhejiang | 3691 | 3771 | 3857 |
| 福　建<br>Fujian | 2791 | 2781 | 2206 |
| 山　东<br>Shandong | 5621 | 5561 | 5510 |
| 广　东<br>Guangdong | 6960 | 6995 | 7039 |
| 广　西<br>Guangxi | 2562 | 2558 | 2558 |
| 海　南<br>Hainan | 536 | 536 | 541 |

注：2018—2019年数据来源于各省（自治区、直辖市）统计年鉴，2020年数据来源于《中国统计年鉴2021》。

Note: The data for 2018- 2019 come from the statistical yearbooks of provinces, autonomous regions and municipalities directly under the Central Government.The data for 2020 come from the *China Statistical Yearbook 2021*.

# 9-20 沿海城市城镇单位就业人员数
# Employed Persons in Urban Units by Coastal Cities

单位：万人 (10000 persons)

| 沿海城市<br>Coastal City | | 2017 | 2018 | 2019 |
|---|---|---|---|---|
| 合　计 | **Total** | **5313** | **5305** | **5317** |
| 天　津 | **Tianjin** | **270** | **260** | **269** |
| 河　北 | **Hebei** | **149** | **153** | **153** |
| 唐　山 | Tangshan | 76 | 79 | 78 |
| 秦皇岛 | Qinhuangdao | 29 | 28 | 28 |
| 沧　州 | Cangzhou | 44 | 46 | 48 |
| 辽　宁 | **Liaoning** | **228** | **222** | **219** |
| 大　连 | Dalian | 97 | 99 | 100 |
| 丹　东 | Dandong | 20 | 18 | 18 |
| 锦　州 | Jinzhou | 24 | 23 | 22 |
| 营　口 | Yingkou | 25 | 23 | 22 |
| 盘　锦 | Panjin | 42 | 41 | 40 |
| 葫芦岛 | Huludao | 20 | 19 | 17 |
| 上　海 | **Shanghai** | **632** | **641** | **716** |
| 江　苏 | **Jiangsu** | **339** | **338** | **264** |
| 南　通 | Nantong | 210 | 210 | 161 |
| 连云港 | Lianyungang | 46 | 47 | 43 |
| 盐　城 | Yancheng | 83 | 80 | 60 |
| 浙　江 | **Zhejiang** | **886** | **841** | **828** |
| 杭　州 | Hangzhou | 287 | 279 | 287 |
| 宁　波 | Ningbo | 161 | 151 | 158 |
| 温　州 | Wenzhou | 119 | 107 | 100 |
| 嘉　兴 | Jiaxing | 79 | 75 | 74 |
| 绍　兴 | Shaoxing | 120 | 115 | 103 |
| 舟　山 | Zhoushan | 18 | 18 | 19 |
| 台　州 | Taizhou | 101 | 95 | 88 |
| 福　建 | **Fujian** | **587** | **619** | **557** |
| 福　州 | Fuzhou | 159 | 174 | 176 |
| 厦　门 | Xiamen | 146 | 156 | 127 |

注：数据来源于《2019—2020中国省市经济发展年鉴》；各沿海地区数据为沿海城市合计数。

Note: The data come from the *China Provinces and Cities Economic Development Yearbook 2019-2020* . The data for coastal regions are the total of coastal cities.

| 沿海城市<br>Coastal City | | | 2017 | 2018 | 2019 |
|---|---|---|---|---|---|
| 莆 | 田 | Putian | 54 | 56 | 45 |
| 泉 | 州 | Quanzhou | 140 | 145 | 129 |
| 漳 | 州 | Zhangzhou | 57 | 61 | 52 |
| 宁 | 德 | Ningde | 32 | 27 | 27 |
| 山 | 东 | **Shandong** | **506** | **489** | **480** |
| 青 | 岛 | Qingdao | 146 | 145 | 147 |
| 东 | 营 | Dongying | 40 | 37 | 38 |
| 烟 | 台 | Yantai | 100 | 95 | 88 |
| 潍 | 坊 | Weifang | 84 | 87 | 87 |
| 威 | 海 | Weihai | 58 | 51 | 48 |
| 日 | 照 | Rizhao | 32 | 30 | 30 |
| 滨 | 州 | Binzhou | 47 | 43 | 43 |
| 广 | 东 | **Guangdong** | **1605** | **1638** | **1721** |
| 广 | 州 | Guangzhou | 329 | 349 | 400 |
| 深 | 圳 | Shenzhen | 464 | 487 | 496 |
| 珠 | 海 | Zhuhai | 76 | 78 | 76 |
| 汕 | 头 | Shantou | 60 | 59 | 52 |
| 江 | 门 | Jiangmen | 57 | 64 | 59 |
| 湛 | 江 | Zhanjiang | 51 | 54 | 46 |
| 茂 | 名 | Maoming | 49 | 46 | 50 |
| 惠 | 州 | Huizhou | 99 | 95 | 101 |
| 汕 | 尾 | Shanwei | 20 | 20 | 18 |
| 阳 | 江 | Yangjiang | 24 | 20 | 21 |
| 东 | 莞 | Dongguan | 242 | 242 | 287 |
| 中 | 山 | Zhongshan | 78 | 76 | 76 |
| 潮 | 州 | Chaozhou | 19 | 18 | 16 |
| 揭 | 阳 | Jieyang | 38 | 30 | 23 |
| 广 | 西 | **Guangxi** | **44** | **41** | **42** |
| 北 | 海 | Beihai | 14 | 14 | 14 |
| 防城港 | | Fangchenggang | 9 | 8 | 7 |
| 钦 | 州 | Qinzhou | 21 | 19 | 21 |
| 海 | 南 | **Hainan** | **66** | **65** | **67** |
| 海 | 口 | Haikou | 52 | 51 | 53 |
| 三 | 亚 | Sanya | 14 | 14 | 14 |

# 主要统计指标解释

**1. 国内生产总值(GDP)** 指一个国家所有常住单位在一定时期内生产活动的最终成果。国内生产总值有三种表现形态，即价值形态、收入形态和产品形态。从价值形态看，它是所有常住单位在一定时期内生产的全部货物和服务价值与同期投入的全部非固定资产货物和服务价值的差额，即所有常住单位的增加值之和；从收入形态看，它是所有常住单位在一定时期内创造的各项收入之和，包括劳动者报酬、生产税净额、固定资产折旧和营业盈余；从产品形态看，它是所有常住单位在一定时期内最终使用的货物和服务价值与货物和服务净出口价值之和。在实际核算中，国内生产总值有三种计算方法，即生产法、收入法和支出法。三种方法分别从不同的方面反映国内生产总值及其构成。

对于一个地区来说，称为地区生产总值或地区 GDP。

**2. 三次产业** 三次产业的划分是世界上较为常用的产业结构分类，但各国的划分不尽一致。根据《国民经济行业分类》（GB/T 4754—2011）和《三次产业划分规定》，我国的三次产业划分是：

第一产业是指农、林、牧、渔业（不含农、林、牧、渔服务业）。

第二产业是指采矿业（不含开采辅助活动），制造业（不含金属制品、机械和设备修理业），电力、热力、燃气及水生产和供应业，建筑业。

第三产业即服务业，是指除第一产业和第二产业以外的其他行业。

**3. 增加值** 是指各行各业生产经营和劳务活动的最终成果，采用生产法和收入法两种方法计算。

生产法是从货物和服务活动在生产过程中形成的总产品入手，剔除生产过程中投入的中间产品价值，得到新增价值的方法。

收入法又称分配法。按收入法计算国内生产总值是从生产过程创造的收入的角度对常住单位的生产活动成果进行核算；按照此法计算，增加值由劳动者报酬、固定资产折旧、生产税净额和营业盈余四个部分组成。

**4. 财政收入** 指国家财政参与社会产品分配所取得的收入，是实现国家职能的财力保证。财政收入所包括的内容几经变化，目前主要包括：

（1）各项税收 包括增值税、营业税、消费税、土地增值税、城市维护建设税、资源税、城市土地使用税、企业所得税、个人所得税、关税、证券交易印花税、车辆购置税、农牧业税和耕地占用税等；

（2）专项收入 包括排污费收入、城市水资源费收入、矿产资源补偿费收入、教育费附加收入等；

（3）其他收入 包括利息收入、基本建设贷款归还收入、基本建设收入、捐赠收入等；

（4）国有企业亏损补贴 此项为负收入，冲减财政收入。主要包括对工业企业、商业企业、粮食企业的补贴。

**5. 财政支出** 国家财政将筹集起来的资金进行分配使用，以满足经济建设和各项事业的需要。

**6. 普通高等学校** 指通过国家普通高等教育招生考试，招收高中毕业生为主要培养对象，实施高等学历教育的全日制大学、独立设置的学院、独立学院和高等专科学校、高等职业学校及其他普通高教机构。

大学、独立设置的学院主要实施本科及本科层次以上的教育。独立学院主要实施本科层次的教育。高等专科学校、高等职业学校实施专科层次的教育。其他普通高教机构是指承担国家普通招生计划任务不计校数的机构，包括普通高等学校分校、大专班等。

**7. 医疗卫生机构**　指从卫生(卫生计生)行政部门取得《医疗机构执业许可证》《中医诊所备案证》和《计划生育技术服务许可证》，或从民政、工商行政、机构编制管理部门取得法人单位登记证书，为社会提供医疗服务、公共卫生服务或从事医学科研和医学在职培训等工作的单位。医疗卫生机构包括医院、基层医疗卫生机构、专业公共卫生机构和其他医疗卫生机构。

**8. 供水总量**　指各种水源为用水户提供的包括输水损失在内的毛水量。

**9. 全社会固定资产投资**　是以货币形式表现的在一定时期内全社会建造和购置固定资产的工作量以及与此有关费用的总称。该指标是反映固定资产投资规模、结构和发展速度的综合性指标。全社会固定资产投资按登记注册类型可分为国有、集体、联营、股份制、私营和个体、港澳台商、外商、其他等。

**10. 固定资产投资（不含农户）**　指城镇和农村各种登记注册类型的企业、事业、行政单位及城镇个体户进行的计划总投资 500 万元及以上的建设项目投资和房地产开发投资，包括原口径的城镇固定资产投资加上农村企事业组织项目投资，该口径自 2011 年起开始使用。

**11. 货物进出口总额**　指实际进出我国关境的货物总金额。包括对外贸易实际进出口货物，来料加工装配进出口货物，国家间、联合国及国际组织无偿援助物资和赠送品，华侨、港澳台同胞和外籍华人捐赠品，租赁期满归承租人所有的租赁货物，进料加工进出口货物，边境地方贸易及边境地区小额贸易进出口货物，中外合资企业、中外合作经营企业、外商独资经营企业进出口货物和公用物品，到、离岸价格在规定限额以上的进出口货样和广告品(无商业价值、无使用价值和免费提供出口的除外)，从保税仓库提取在中国境内销售的进口货物以及其他进出口货物。该指标可以观察一个国家在货物贸易方面的总规模。我国规定出口货物按离岸价格统计，进口货物按到岸价格统计。

**12. 商品收发货人所在地进、出口额**　指在所在地海关注册登记的有进出口经营权的企业实际进、出口额。

**13. 人口数**　指一定时点、一定地区范围内有生命的个人总和。

年度统计的年末人口数指每年 12 月 31 日 24 时的人口数。年度统计的全国人口总数内未包括香港、澳门特别行政区和台湾省以及海外华侨人数。

**14. 就业人员**　指在 16 周岁及以上，从事一定社会劳动并取得劳动报酬或经营收入的人员。这一指标反映了一定时期内全部劳动力资源的实际利用情况，是研究我国基本国情国力的重要指标。

# Explanatory Notes on Main Statistical Indicators

**1. Gross Domestic Product (GDP)**   refers to the final products produced by all resident units in a country   during a certain period of time. Gross domestic product is expressed in three different perspectives, namely value, income, and products respectively. GDP in its value perspective refers to the balance of total value of all goods and services produced by all resident units during a certain period of time, minus the total value of input of goods and services of the nature of non-fixed assets; in other words, it is the sum of the value-added of all resident units. GDP from the perspective of income refers to the sum of all kinds of revenue, including compensation of employees, net taxes on production, depreciation of fixed assets, and operating surplus. GDP from the perspective of products refers to the value of all goods and services for final demand by all resident units plus the net exports of goods and services during a given period of time. In the practice of national accounting, gross domestic product is calculated by three approaches, namely production approach, income approach and expenditure approach, which reflect gross domestic product and its composition from different angles.

For a region, it is called as gross regional product(GRP) or regional GDP.

**2. Three Industries**   Classification of economic activities into three strata of industry is a common practice in the world, although the grouping varies to some extent from country to country. In China, according to Industrial Classification for National Economic Activities (GB/T 4754—2011) and Dividing Basis of Three Industries, economic activities are categorized into the following three strata of industry:

Primary industry refers to agriculture, forestry, animal husbandry and fishery industries (not including services in support of agriculture, forestry, animal husbandry and fishery industries).

Secondary industry refers to mining and quarrying(not including support activities for mining), manufacturing(not including repair service of metal products, machinery and equipment), production and supply of electricity, heat, gas and water, and construction.

Tertiary industry refers to all other economic activities not included in the primary or secondary industries.

**3. Added Value**   refers to the final result of production, operation and labor activities of all trades and professions, which is calculated by using the production and income methods.

Production Method: refers to the method whereby to get the newly added value by proceeding from the gross product of goods and service activities occurring in the course of production and then rejecting the value of intermediate product input in the course of production.

Income Method: is also called the distribution method. The calculation of the gross domestic product (GDP) by the income method is the accounting of the result of productive activities of permanent units from the angle of the income created in the course of production. According to this method, the added value is composed of the payment for laborers, depreciation of fixed assets, net tax on production and business surplus.

**4. Government Revenue**   refers to the income obtained by the government finance through participating in the distribution of social products. It is the financial guarantee to ensure government functioning. The contents of government revenue have changed several times. Now it includes the following main items:

(1) Various tax revenues, including value added tax, business tax, consumption tax, land value-added tax, tax on city maintenance and construction, resources tax, tax on use of urban land, enterprise income tax, personal income tax, tariff, stamp tax on security transactions, tax on purchase of motor vehicles, tax on agriculture and animal husbandry and tax on occupancy of cultivated land, etc.

(2) Special revenues, including revenues from the fee on sewage treatment, fee on urban water resources, fee for the compensation of mineral resources and extra-charges for education, etc.

(3) Other revenues, including revenues from interest, repayment of capital construction loan, capital construction projects and donations and grants.

(4) Subsidies for the losses of state-owned enterprises. This is an item of negative revenue, counteracting government revenues and consisting of subsidies to industrial, commercial and grain purchasing and supply enterprises.

**5. Government Expenditure**  refers to the distribution and use of the funds which the government finance has raised, so as to meet the needs of economic construction and various causes.

**6. Regular Higher Education Institutions**  refer to educational establishments recruiting graduates from senior secondary schools as the main target through National Matriculation TEST. They include full-time universities, independently established schools, independent colleges, higher professional colleges, higher vocational colleges and other regular higher education institutions.

Universities and independently established schools primarily provide normal courses at undergraduate and higher levels. Independent colleges mainly provide normal undergraduate courses. Higher professional colleges and higher vocational colleges primarily provide undergraduate of short-cycle courses. Other regular higher education institutions refer to educational establishments, which are responsible for enrolling higher education students under the State Plan but not enumerated in the total number of schools, including: branch schools of regular higher education institutions and junior colleges.

**7. Health Care Institutions**  refer to the units which have been qualified with the Certification of Health Care Institution, filing certificate of traditional Chinese medicine clinic, certification of family planning technical service by the administration of health (family planning), or qualified with the Certification of Corporate Unit by the civil affairs, administration for industry and commerce, and engaging in medical care services, public health services, or medicine research and on-job training, etc., including: hospitals, health care institutions at grass-root level, specialized public health institutions, and other health care institutions.

**8. Water Supply**  refers to gross water of various sources supplied to consumers, including losses during distribution.

**9. Total Investment in Fixed Assets in the Whole Country**  refers to the volume of activities in construction and purchases of fixed assets of the whole country and related fees, expressed in monetary terms during the reference period. It is a comprehensive indicator which shows the size, structure and growth of the investment in fixed assets, providing a basis for observing the progress of construction projects and evaluating results of investment. Total investment in fixed assets in the whole country by registration status includes: the investment by state-owned units, collective-owned units, joint ownership units, share-holding units, private units, individuals as well as investments by entrepreneurs from Hong Kong, Macao and Taiwan, foreign investors and others.

**10. Investment in Fixed Assets (Excluding Rural Households)** refers to the investment in construction projects with a total planned investment of 5 million yuan and above，carried out by enterprises of various ownerships, institutions, administrative units in both urban and rural areas, urban self-employed individuals, as well as investment in real estate development. Since 2011, it covers the urban investment in fixed assets under the previous statistical coverage and the investments by rural enterprises and institutions.

**11. Total Import and Export of Goods** refers to the real value of commodities imported and exported across the border of China. They include the actual imports and exports through foreign trade, imported and exported goods under the processing and assembling trades and materials, supplies and gifts as aid given gratis between governments and by the United Nations and other international organizations, and contributions donated by overseas Chinese, compatriots in Hong Kong and Macao and Chinese with foreign citizenship, leasing commodities owned by tenant at the expiration of leasing period, the imported and exported commodities processed with imported materials, commodities trading in border areas, the imported and exported commodities and articles for public use of the Sino-foreign joint ventures, cooperative enterprises and ventures with sole foreign investment. Also included import or export of samples and advertising goods for which CIF or FOB value are beyond the permitted ceiling (excluding goods of no trading or use value and free commodities for export), imported goods sold in China from bonded warehouses and other imported or exported goods. The indicator of the total imports and exports at customs can be used to observe the total size of external trade in a country. In accordance with the stipulation of the Chinese government, imports are calculated at CIF, while exports are calculated at FOB.

**12. Import or Export Value by Location of China's Foreign Trade Managing Units** refers to actual value of imports and exports carried out by corporations which have been registered by the local Customs house and are vested with right to run import export business.

**13. Total Population** refers to the total number of people alive at a certain point of time within a given area.

The annual statistics on total population is taken at midnight, the 31st of December, not including residents in Taiwan Province, Hong Kong and Macao and overseas Chinese.

**14. Employed Persons** refer to persons aged 16 and above who are engaged in gainful employment and thus receive remuneration payment or earn business income. This indicator reflects the actual utilization of total labour force during a certain period of time and is often used for the research on China's economic situation and national power.

# 10

# 世界海洋经济统计资料（部分）
# World's Marine Economic Statistics Data (Part)

# 10-1 世界海洋面积（2010年）
## World Ocean Area (2010)

| 区 域<br>Region | 海洋面积<br>（平方千米）<br>Ocean Area<br>(km²) | 占世界海洋面积的比重<br>（%）<br>Proportion in the World Ocean Area<br>(%) | 占地球表面面积的比重<br>（%）<br>Proportion in the Earth's Surface<br>Area (%) |
|---|---|---|---|
| 合 计<br>**Total** | **361000000** | **100.0** | **70.8** |
| 太平洋<br>Pacific Ocean | 178334000 | 49.4 | 35.0 |
| 大西洋<br>Atlantic Ocean | 91694000 | 25.4 | 18.0 |
| 印度洋<br>Indian Ocean | 76171000 | 21.1 | 14.9 |
| 北冰洋<br>Arctic Ocean | 14801000 | 4.1 | 2.9 |

注：数据来源于《国际统计年鉴2011》。

Note: The data come from the *International Statistical Yearbook 2011* .

# 10-2 主要沿海国家（地区）国土面积和人口（2020年）
## Territory Area and Population of
## Major Coastal Countries (Regions) (2020)

| 国家或地区<br>Country or Region | 国土面积<br>（万平方千米）<br>Area of Territory<br>(10000 km$^2$) | 年中人口<br>（万人）<br>Mid-year Population<br>(10000 persons) | 人口密度<br>（人/平方千米）<br>Population Density<br>(persons per km$^2$) |
|---|---|---|---|
| 世界 **World** | **13454.3** | **775284.1** | **58.4** |
| 中国 China | 960.0 | 140211.2 | 147.8 |
| 文莱 Brunei Darsm | 0.6 | 43.8 | 81.4 |
| 柬埔寨 Cambodia | 18.1 | 1671.9 | 92.1 |
| 印度 India | 298.0 | 138000.4 | 455.0 |
| 印度尼西亚 Indonesia | 191.7 | 27352.4 | 142.6 |
| 日本 Japan | 37.8 | 12583.6 | 347.1 |
| 韩国 Korea, Rep. | 10.0 | 5178.1 | 529.2 |
| 马来西亚 Malaysia | 33.0 | 3236.6 | 96.0 |
| 缅甸 Myanmar | 67.7 | 5441.0 | 82.3 |
| 菲律宾 Philippines | 30.0 | 10958.1 | 357.7 |
| 新加坡 Singapore | 0.1 | 568.6 | 7953.0 |
| 泰国 Thailand | 51.3 | 6980.0 | 135.9 |
| 越南 Viet Nam | 33.1 | 9733.9 | 308.1 |
| 埃及 Egypt | 100.2 | 10233.4 | 98.9 |
| 南非 South Africa | 121.9 | 5930.9 | 47.6 |
| 加拿大 Canada | 988.0 | 3800.5 | 4.1 |
| 墨西哥 Mexico | 196.4 | 12893.3 | 64.9 |
| 美国 United States | 983.2 | 32948.4 | 35.7 |
| 阿根廷 Argentina | 278.0 | 4537.7 | 16.3 |
| 巴西 Brazil | 851.6 | 21255.9 | 25.1 |
| 法国 France | 54.9 | 6739.2 | 122.6 |
| 德国 Germany | 35.8 | 8324.1 | 237.3 |
| 意大利 Italy | 30.2 | 5955.4 | 202.9 |
| 俄罗斯 Russia | 1709.8 | 14410.4 | 8.8 |
| 西班牙 Spain | 50.6 | 4735.2 | 93.7 |
| 土耳其 Turkey | 78.5 | 8433.9 | 107.0 |
| 乌克兰 Ukraine | 60.4 | 4413.5 | 77.0 |
| 英国 United Kingdom | 24.4 | 6721.5 | 274.7 |
| 澳大利亚 Australia | 774.1 | 2568.7 | 3.3 |
| 新西兰 New Zealand | 26.8 | 508.4 | 18.6 |

注：数据来源于世界银行WDI数据库。

Note: The data come from the *World Bank WDI Database.*

# 10-3 主要沿海国家（地区）国内生产总值（2020年）
# Gross Domestic Product of Major Coastal Countries (Regions) (2020)

| 国家或地区<br>Country or Region | 国内生产总值<br>（亿美元）<br>GDP<br>(100 million USD) | 人均国内生产总值<br>（美元）<br>GDP per Captia<br>(current USD) | 国内生产总值增长率<br>（%）<br>Growth Rate of GDP<br>(%) |
|---|---|---|---|
| 世界 **World** | **847056** | **10926** | **-3.6** |
| 中国 China | 147227 | 10500 | 2.3 |
| 中国香港 Hong Kong, China | | | |
| 文莱 Brunei Darsm | 120 | 27466 | 1.2 |
| 柬埔寨 Cambodia | 253 | 1513 | -3.1 |
| 印度 India | 26230 | 1901 | -8.0 |
| 印度尼西亚 Indonesia | 10584 | 3870 | -2.1 |
| 日本 Japan | 50487 ① | 40146 ① | |
| 韩国 Korea, Rep. | 16305 | 31489 | -1.0 |
| 马来西亚 Malaysia | 3367 | 10402 | -5.6 |
| 菲律宾 Philippines | 3615 | 3299 | -9.6 |
| 新加坡 Singapore | 3400 | 59798 | -5.4 |
| 泰国 Thailand | 5018 | 7189 | -6.1 |
| 越南 Viet Nam | 2712 | 2786 | 2.9 |

注：数据来源于世界银行WDI数据库。
　　①数据来源于国际货币基金组织WEO数据库。

Note: The data come from *World Bank WDI Database.*
　　①Data from *IMF WEO Database.*

10-3 续表 continued

| 国家或地区<br>Country or Region | 国内生产总值<br>（亿美元）<br>GDP<br>(100 million USD) | 人均国内生产总值<br>（美元）<br>GDP per Captia<br>(current USD) | 国内生产总值增长率<br>（%）<br>Growth Rate of GDP<br>(%) |
|---|---|---|---|
| 埃及 Egypt | 3631 | 3548 | 3.6 |
| 南非 South Africa | 3019 | 5091 | -7.0 |
| 加拿大 Canada | 16434 | 43242 | -5.4 |
| 墨西哥 Mexico | 10762 | 8347 | -8.2 |
| 美国 United States | 209366 | 63544 | -3.5 |
| 阿根廷 Argentina | 3831 | 8442 | -9.9 |
| 巴西 Brazil | 14447 | 6797 | -4.1 |
| 法国 France | 26030 | 38625 | -8.1 |
| 德国 Germany | 38061 | 45724 | -4.9 |
| 意大利 Italy | 18864 | 31676 | -8.9 |
| 荷兰 Netherlands | 9122 | 52304 | -3.7 |
| 波兰 Poland | 5942 | 15656 | -2.7 |
| 俄罗斯 Russia | 14835 | 10127 | -3.0 |
| 西班牙 Spain | 12812 | 27057 | -10.8 |
| 土耳其 Turkey | 7201 | 8538 | 1.8 |
| 乌克兰 Ukraine | 1556 | 3727 | -4.0 |
| 英国 United Kingdom | 27077 | 40285 | -9.8 |
| 澳大利亚 Australia | 13309 | 51812 | -0.3 |
| 新西兰 New Zealand | 2125 | 41792 | 1.0 |

# 10-4 主要沿海国家（地区）国内生产总值
## 产业构成（2020年）

# Industrial Composition of GDP of Major Coastal
## Countries (Regions) by Industry (2020)

单位：%                                               (%)

| 国家或地区<br>Country or Region | 国内生产总值产业构成（%）<br>Industrial Structure of GDP (%) | | |
| --- | --- | --- | --- |
| | 第一产业<br>Primary Industry | 第二产业<br>Secondary Industry | 第三产业<br>Tertiary Industry |
| 世界 **World** | **3.9** ① | **26.2** ① | **64.3** ① |
| 中国 China | 7.7 | 37.8 | 54.5 |
| 中国香港 Hong Kong, China | 0.1 ① | 6.3 ① | 90.0 ① |
| 文莱 Brunei Darsm | 1.2 | 59.1 | 41.5 |
| 柬埔寨 Cambodia | 22.8 | 34.7 | 36.2 |
| 印度 India | 18.3 | 23.2 | 49.3 |
| 印度尼西亚 Indonesia | 13.7 | 38.3 | 44.4 |
| 日本 Japan | 1.0 ① | 28.7 ① | 69.3 ① |
| 韩国 Korea, Rep. | 1.8 | 32.8 | 57.0 |
| 马来西亚 Malaysia | 8.2 | 35.9 | 54.8 |
| 缅甸 Myanmar | 22.8 | 35.8 | 41.4 |
| 菲律宾 Philippines | 10.2 | 28.4 | 61.4 |
| 新加坡 Singapore | 0.0 | 24.4 | 70.9 |
| 斯里兰卡 Sri Lanka | 8.4 | 26.2 | 59.7 |
| 泰国 Thailand | 8.6 | 33.1 | 58.3 |
| 越南 Viet Nam | 14.9 | 33.7 | 41.6 |

注：①2019年数据；②2018年数据；③2017年数据；
　　数据来源于世界银行WDI数据库。

Notes: ①Data for 2019; ②Data for 2018; ③Data for 2017;
　　The data come from *World Bank WDI Database.*

10-4 续表 continued

| 国家或地区<br>Country or Region | 国内生产总值产业构成<br>（%）<br>Industrial Structure of GDP<br>(%) | | |
| --- | --- | --- | --- |
| | 第一产业<br>Primary Industry | 第二产业<br>Secondary Industry | 第三产业<br>Tertiary Industry |
| 埃及 Egypt | 11.5 | 31.8 | 51.7 |
| 南非 South Africa | 2.4 | 25.2 | 61.4 |
| 加拿大 Canada | 1.9 ③ | 24.0 ③ | 67.1 ③ |
| 墨西哥 Mexico | 3.9 | 29.6 | 60.0 |
| 美国 United States | 0.9 ① | 18.2 ① | 77.3 ① |
| 阿根廷 Argentina | 6.8 | 22.5 | 54.3 |
| 巴西 Brazil | 5.9 | 17.7 | 62.9 |
| 法国 France | 1.6 | 16.4 | 71.2 |
| 德国 Germany | 0.7 | 26.5 | 63.4 |
| 意大利 Italy | 2.0 | 21.5 | 66.8 |
| 荷兰 Netherlands | 1.6 | 17.8 | 69.8 |
| 俄罗斯 Russia | 3.7 | 30.0 | 56.3 |
| 西班牙 Spain | 3.1 | 20.4 | 67.8 |
| 土耳其 Turkey | 6.6 | 27.8 | 54.6 |
| 乌克兰 Ukraine | 9.3 | 20.9 | 55.6 |
| 英国 United Kingdom | 0.6 | 16.9 | 72.8 |
| 澳大利亚 Australia | 1.9 | 25.7 | 66.0 |
| 新西兰 New Zealand | 5.7 ② | 25.7 ② | 65.5 ② |

# 10-5 主要沿海国家（地区）就业人数
## Employment in the Major Coastal Countries (Regions)

单位：万人 (10000 persons)

| 国家或地区<br>Country or Region | 2000 | 2005 | 2010 | 2018 | 2019 | 2020 |
|---|---|---|---|---|---|---|
| 中国 China | 72085 | 74647 | 76105 | 77586 | 77471 | 75064 |
| 中国香港 Hong Kong, China | | | 347 | 387 | 385 | 366 |
| 印度 India | 32704 | 36328 | 36967 | 36057 | 36505 | 40625 |
| 印度尼西亚 Indonesia | 8984 | 9396 | 10781 | 12668 | 13072 | 13004 |
| 以色列 Israel | 246 | 274 | 318 | 391 | 397 | 391 |
| 日本 Japan | 6446 | 6356 | 6194 | 6664 | 6724 | 6676 |
| 韩国 Korea, Rep. | 2116 | 2283 | 2422 | 2692 | 2723 | 2702 |
| 马来西亚 Malaysia | | | 1129 | 1485 | 1507 | 1496 |
| 菲律宾 Philippines | | 3231 | 3603 | 4116 | 4243 | 3938 |
| 新加坡 Singapore | | 165 | 196 | 220 | 223 | 222 |
| 斯里兰卡 Sri Lanka | | | 770 | 802 | 818 | |
| 泰国 Thailand | | | 3804 | 3786 | 3761 | 3768 |
| 越南 Viet Nam | | | 4949 | 5425 | 5057 | 4976 |
| 埃及 Egypt | | | 2383 | 2602 | 2612 | 2620 |
| 南非 South Africa | 1036 | 1088 | 1394 | 1661 | 1657 | 1525 |
| 加拿大 Canada | 1476 | 1612 | 1696 | 1866 | 1906 | 1806 |
| 墨西哥 Mexico | 3759 | 4208 | 4612 | 5372 | 5461 | 5092 |
| 美国 United States | 13689 | 14173 | 13906 | 15576 | 15754 | 14779 |
| 阿根廷 Argentina | | 953 | 1053 | 1174 | 1204 | 1094 |
| 巴西 Brazil | | 8323 | | 9141 | 9349 | 8569 |
| 委内瑞拉 Venezuela | | 1040 | 1201 | | | |
| 法国 France | 2312 | 2498 | 2573 | 2702 | 2713 | 2700 |
| 德国 Germany | 3632 | 3636 | 3799 | 4191 | 4240 | 4172 |
| 意大利 Italy | 2093 | 2241 | 2253 | 2321 | 2336 | 2290 |
| 荷兰 Netherlands | 786 | 783 | 829 | 880 | 898 | 898 |
| 波兰 Poland | 1452 | 1412 | 1547 | 1648 | 1646 | 1644 |
| 俄罗斯 Russia | 6507 | 6834 | 6993 | 7253 | 7193 | 7060 |
| 西班牙 Spain | 1544 | 1921 | 1872 | 1933 | 1978 | 1920 |
| 土耳其 Turkey | 2158 | 2007 | 2259 | 2873 | 2808 | 2681 |
| 乌克兰 Ukraine | | | 2027 | 1636 | 1667 | 1600 |
| 英国 United Kingdom | 2726 | 2874 | 2912 | 3235 | 3269 | |
| 澳大利亚 Australia | 890 | 988 | 1102 | 1258 | 1287 | 1268 |
| 新西兰 New Zealand | 180 | 208 | 215 | 265 | 270 | 273 |

注：数据来源于联合国ILO数据库。

Note: The data come from the *ILO Database*.

# 10-6 主要沿海国家（地区）鱼类产量（2019年）
# Fish Yields of Major Coastal Countries (Regions) (2019)

单位：万吨 (10000 t)

| 国家或地区<br>Country or Region | 鱼类产量<br>Output of Total Fishes | 海域鱼类产量<br>Ocean Area |
|---|---|---|
| 中国 China | 3703.6 | 1017.2 |
| 印度 India | 1161.8 | 301.1 |
| 印度尼西亚 Indonesia | 1140.0 | 712.4 |
| 缅甸 Myanmar | 294.4 | 103.6 |
| 俄罗斯 Russia | 490.8 | 447.5 |
| 美国 United States | 432.8 | 412.7 |
| 越南 Viet Nam | 608.1 | 300.1 |
| 日本 Japan | 286.6 | 282.3 |
| 孟加拉国 Bangladesh | 413.2 | 75.0 |
| 菲律宾 Philippines | 258.5 | 216.3 |
| 泰国 Thailand | 171.5 | 120.3 |
| 马来西亚 Malaysia | 139.5 | 128.6 |
| 巴西 Brazil | 117.2 | 42.3 |
| 墨西哥 Mexico | 133.2 | 111.3 |
| 埃及 Egypt | 200.6 | 35.5 |
| 韩国 Korea, Rep. | 120.3 | 117.0 |
| 西班牙 Spain | 90.9 | 88.7 |
| 尼日利亚 Nigeria | 105.4 | 39.1 |
| 南非 South Africa | 43.8 | 43.5 |
| 英国 United Kingdom | 68.0 | 67.0 |
| 柬埔寨 Cambodia | 92.0 | 10.7 |
| 土耳其 Turkey | 77.1 | 62.6 |
| 阿根廷 Argentina | 49.2 | 46.4 |
| 加拿大 Canada | 52.2 | 48.5 |
| 斯里兰卡 Sri Lanka | 48.8 | 37.1 |
| 新西兰 New Zealand | 37.3 | 37.1 |
| 法国 France | 44.0 | 39.8 |

注：数据来源于联合国FAO数据库。

Note: The data come from the *FAO Database.*

# 10-7 国家保护区面积和鱼类濒危物种（2018年）
## Area of National Nature Reserves and
## Endangered Species of Fish (2018)

| 国家或地区<br>Country or Region | 国家保护区<br>National Protected | | 鱼类濒危物种（种）<br>Endangered<br>Species of Fish<br>(kind) |
|---|---|---|---|
| | 陆地保护区面积<br>占陆地面积比重<br>Terrestrial Protected Areas<br>(% of Total Land Area) | 海洋保护区面积<br>占领海面积比重<br>Marine Protected Areas<br>(% of Territorial Waters) | |
| 中国　China | 15.4 | 5.4 | 136 |
| 中国香港　Hong Kong, China | 41.9 | | 15 |
| 中国澳门　Macao, China | | | 9 |
| 孟加拉国　Bangladesh | 4.6 | 5.4 | 29 |
| 文莱　Brunei Darsm | 46.9 | 0.2 | 14 |
| 柬埔寨　Cambodia | 26.0 | 0.2 | 48 |
| 印度　India | 6.0 | 0.2 | 227 |
| 印度尼西亚　Indonesia | 12.2 | 3.1 | 166 |
| 伊朗　Iran | 8.6 | 0.8 | 47 |
| 以色列　Israel | 19.9 | 0.0 | 50 |
| 日本　Japan | 29.4 | 8.2 | 77 |
| 韩国　Korea, Rep. | 11.7 | 1.6 | 28 |
| 马来西亚　Malaysia | 19.1 | 1.5 | 87 |
| 缅甸　Myanmar | 6.4 | 2.3 | 53 |
| 巴基斯坦　Pakistan | 12.3 | 0.8 | 46 |
| 菲律宾　Philippines | 15.3 | 1.2 | 91 |
| 新加坡　Singapore | 5.6 | 0.0 | 29 |
| 斯里兰卡　Sri Lanka | 29.9 | 0.1 | 57 |

注：数据来源于世界银行WDI数据库。

Note: The data come from the *World Bank WDI Database.*

| 国家或地区<br>Country or Region | 国家保护区<br>National Protected | | 鱼类濒危物种（种）<br>Endangered<br>Species of Fish<br>(kind) |
|---|---|---|---|
| | 陆地保护区面积<br>占陆地面积比重<br>Terrestrial Protected Areas<br>(% of Total Land Area) | 海洋保护区面积<br>占领海面积比重<br>Marine Protected Areas<br>(% of Territorial Waters) | |
| 泰国 Thailand | 18.8 | 1.9 | 106 |
| 越南 Viet Nam | 7.6 | 0.6 | 83 |
| 埃及 Egypt | 13.1 | 5.0 | 58 |
| 尼日利亚 Nigeria | 13.9 | 0.0 | 74 |
| 南非 South Africa | 8.0 | 12.1 | 121 |
| 加拿大 Canada | 9.7 | 0.9 | 44 |
| 墨西哥 Mexico | 14.5 | 21.8 | 181 |
| 美国 United States | 13.0 | 41.1 | 251 |
| 阿根廷 Argentina | 8.8 | 3.8 | 42 |
| 巴西 Brazil | 29.4 | 26.6 | 93 |
| 委内瑞拉 Venezuela | 54.1 | 3.5 | 45 |
| 法国 France | 25.8 | 45.0 | 53 |
| 德国 Germany | 37.8 | 45.4 | 24 |
| 意大利 Italy | 21.5 | 8.8 | 52 |
| 荷兰 Netherlands | 11.2 | 26.7 | 15 |
| 波兰 Poland | 39.7 | 22.6 | 8 |
| 俄罗斯 Russia | 9.7 | 3.0 | 39 |
| 西班牙 Spain | 28.1 | 8.4 | 83 |
| 土耳其 Turkey | 0.2 | 0.1 | 131 |
| 乌克兰 Ukraine | 4.0 | 3.4 | 24 |
| 英国 United Kingdom | 28.7 | 28.9 | 48 |
| 澳大利亚 Australia | 19.3 | 40.6 | 125 |
| 新西兰 New Zealand | 32.5 | 30.4 | 38 |

# 10-8 主要沿海国家（地区）风力发电量
## Wind-Power Capacities of Major Coastal Countries (Regions)

单位：百万千瓦·时                                                          (million kW-h)

| 国家或地区<br>Country or Region | 2011 | 2013 | 2014 | 2015 | 2016 | 2017 | 2018 |
|---|---|---|---|---|---|---|---|
| 中国 China | 70331 | 141197 | 156078 | 185766 | 237071 | 295023 | 365971 |
| 伊朗 Iran | | 376 | 358 | 221 | 250 | 306 | 585 |
| 以色列 Israel | | 6 | 6 | 7 | | 180 | 183 |
| 日本 Japan | 7 | 5201 | 5038 | 5160 | 5951 | 6490 | 7481 |
| 韩国 Korea, Rep. | 863 | 1149 | 1146 | 1201 | 1683 | 2169 | 2465 |
| 马来西亚 Malaysia | | | | | | | |
| 巴基斯坦 Pakistan | | | 397 | 1549 | 2668 | 1422 | 2124 |
| 菲律宾 Philippines | 88 | 66 | 152 | 748 | 975 | 1094 | 1153 |
| 新加坡 Singapore | | | | | | | |
| 斯里兰卡 Sri Lanka | 92 | 236 | 273 | 344 | 345 | 367 | 326 |
| 泰国 Thailand | 3 | 305 | 305 | 329 | 345 | 1109 | 1641 |
| 越南 Viet Nam | 87 | 90 | 300 | 261 | 221 | 270 | 312 |
| 埃及 Egypt | 1525 | 1332 | 1315 | 1345 | 2058 | 2200 | 2234 |
| 尼日利亚 Nigeria | | | | | | | 3 |
| 南非 South Africa | 103 | 37 | 1070 | 2270 | 3700 | 5090 | 6467 |
| 加拿大 Canada | 10187 | 11594 | 22538 | 26446 | 30766 | 28775 | 33183 |
| 墨西哥 Mexico | 1648 | 4185 | 6426 | 8745 | 10378 | 10442 | 12877 |
| 美国 United States | 120854 | 169713 | 183892 | 192992 | 229471 | 257249 | 275834 |
| 阿根廷 Argentina | 26 | 461 | 730 | 599 | 548 | 612 | 1413 |
| 巴西 Brazil | 2705 | 6579 | 12211 | 21626 | 33488 | 42354 | 48475 |
| 委内瑞拉 Venezuela | | | | | | | |
| 法国 France | 12052 | 16033 | 17249 | 21249 | 21400 | 24711 | 28599 |
| 德国 Germany | 48883 | 51708 | 57357 | 79206 | 78598 | 105693 | 109951 |
| 意大利 Italy | 9856 | 14897 | 15178 | 14844 | 17689 | 17742 | 17716 |
| 荷兰 Netherlands | 5100 | 5627 | 5797 | 7550 | 8170 | 10569 | 10549 |
| 波兰 Poland | 3205 | 6004 | 7676 | 10858 | 12588 | 14909 | 12799 |
| 俄罗斯 Russia | 5 | 5 | 96 | 148 | 148 | 140 | 232 |
| 西班牙 Spain | 42918 | 53903 | 52013 | 49325 | 48906 | 49127 | 50896 |
| 土耳其 Turkey | 4723 | 7557 | 8520 | 11652 | 15517 | 17903 | 19949 |
| 乌克兰 Ukraine | 89 | 639 | 1130 | 1084 | 954 | 984 | 1188 |
| 英国 United Kingdom | 15509 | 28434 | 32015 | 40310 | 37367 | 50004 | 56906 |
| 澳大利亚 Australia | 5807 | 7328 | 10252 | 11467 | 12199 | 12597 | 15164 |
| 新西兰 New Zealand | 1952 | 2020 | 2214 | 2356 | 2303 | 2141 | 2067 |

注：数据来源于联合国ESD数据库。

Note: The data come from the *UN ESD Database.*

# 10-9 主要沿海国家（地区）捕捞产量
# Fishing Yields in the Major Coastal Countries (Regions)

单位：吨 (t)

| 国家或地区<br>Country or Region | 2018 | 2019 |
|---|---|---|
| 世界总计 **World Total** | **96620321** | **92498001** |
| 中国 China | 14647819 | 13995443 ① |
| 秘鲁 Peru | 7170033 | 4814950 |
| 印度尼西亚 Indonesia | 7216405 | 7479325 ① |
| 美国 United States | 4744418 | 4800499 |
| 印度 India | 5320253 | 5458700 |
| 俄罗斯 Russia | 5111431 | 4974162 |
| 日本 Japan | 3261796 | 3163760 ① |
| 缅甸 Myanmar | 2036869 ① | 1951120 ① |
| 智利 Chile | 2123386 | 1971756 |
| 越南 Viet Nam | 3346179 | 3429029 |
| 菲律宾 Philippines | 2049572 | 2053681 |
| 挪威 Norway | 2493497 | 2309319 |
| 泰国 Thailand | 1536756 | 1542465 |
| 韩国 Korea, Rep. | 1394616 | 1358252 ① |
| 孟加拉国 Bangladesh | 1871225 | 1895619 |
| 墨西哥 Mexico | 1692045 | 1573362 |
| 马来西亚 Malaysia | 1458951 ① | 1461015 |
| 冰岛 Iceland | 1259293 | 905429 |
| 西班牙 Spain | 925723 | 879802 ① |

注：捕捞品种包括鱼类、甲壳类、软体类等水生动物；①为联合国粮农组织估算值；
   数据来源于《渔业和水产养殖统计年鉴2019》，联合国粮农组织。

Note: The fished species include fish, crustacea, mollusc and other aquatic animals.
   ① It is estimated by FAO from available sources of information or calculation.
   The data come from the *Fishery and Aquaculture Statistical Yearbook,* FAO, 2019.

| 国家或地区<br>Country or Region | 2018 | 2019 |
|---|---|---|
| 摩洛哥 Morocco | 1371717 | 1458594 |
| 中国台湾 Taiwan, China | 806939 | 749368 |
| 加拿大 Canada | 827727 | 758005 |
| 巴西 Brazil | 714292 [1] | 710333 [1] |
| 阿根廷 Argentina | 835387 | 826095 |
| 南非 South Africa | 559576 | 445682 [1] |
| 尼日利亚 Nigeria | 878155 | 825013 |
| 英国 United Kingdom | 700788 | 619937 |
| 柬埔寨 Cambodia | 689155 | 661690 [1] |
| 伊朗 Iran | 828872 | 779843 |
| 丹麦 Denmark | 789283 | 628907 |
| 斯里兰卡 Sri Lanka | 510208 | 505830 |
| 新西兰 New Zealand | 407095 | 411293 |
| 土耳其 Turkey | 314095 | 463168 |
| 法国 France | 573134 [1] | 480840 |
| 埃及 Egypt | 373285 | 397042 |
| 荷兰 Netherlands | 411714 | 320361 [1] |
| 委内瑞拉 Venezuela | 277266 [1] | 275172 [1] |
| 德国 Germany | 279213 | 224395 |

# 10-10 主要沿海国家（地区）水产养殖产量
# Aquaculture Production in the Major Coastal Countries (Regions)

单位：吨 (t)

| 国家或地区<br>Country or Region | 2018 | 2019 |
|---|---|---|
| 世界总计 **World Total** | **82304694** | **85335990** |
| 中国 China | 47559074 | 48246255 |
| 印度 India | 7176000 | 7795000 |
| 越南 Viet Nam | 4143500 | 4442257 |
| 印度尼西亚 Indonesia | 5426943 | 5950000 |
| 孟加拉国 Bangladesh | 2405416 | 2488600 |
| 挪威 Norway | 1354941 | 1452926 |
| 泰国 Thailand | 919640 | 964266 |
| 智利 Chile | 1266054 | 1384704 |
| 埃及 Egypt | 1594231 | 1641949 |
| 缅甸 Myanmar | 1130350 | 1082141 |
| 菲律宾 Philippines | 826060 | 858277 |
| 巴西 Brazil | 580888 | 599550 |
| 日本 Japan | 644252 | 598229 |
| 韩国 Korea, Rep. | 568350 | 593586 |
| 美国 United States | 466122 | 490042 |
| 中国台湾 Taiwan, China | 283201 | 291499 |
| 伊朗 Iran | 439718 | 505000 |
| 马来西亚 Malaysia | 217894 | 224171 |
| 西班牙 Spain | 347814 | 308025 |
| 尼日利亚 Nigeria | 291323 | 289543 |
| 土耳其 Turkey | 311681 | 371494 |
| 法国 France | 187098 | 195768 |
| 英国 United Kingdom | 184932 | 219500 |
| 加拿大 Canada | 191373 | 187226 |
| 俄罗斯 Russia | 199505 | 237720 |
| 墨西哥 Mexico | 247192 | 251232 |

注：养殖品种包括鱼类、甲壳类、软体类等水生动物；
　　数据来源于《渔业和水产养殖统计年鉴2019》，联合国粮农组织。

Note: The cultivated varieties include fish, crustacea, mollusc and other aquatic animals.
　　The data come from the *Fishery and Aquaculture Statistical Yearbook,* FAO, 2019.

# 10-11 主要沿海国家（地区）石油主要指标
# Main Oil Indicators of Major Coastal Countries (Regions)

| 国家或地区<br>Country or Region | 原油探明储量<br>（亿桶）<br>（2020年）<br>Crude Oil Proved Reserves<br>(100 million Barrels)<br>(2020) | 原油出口量<br>（万桶/天）<br>（2018年）<br>Crude Oil Including Lease Condensate Exports<br>(10000 Barrels Per Day)<br>(2018) | 石油产量<br>（万桶/天）<br>（2020年）<br>Petroleum and Other Liquids Production<br>(10000 Barrels Per Day)<br>(2020) |
|---|---|---|---|
| 中国 China | 262 | | 486 |
| 孟加拉国　Bangladesh | | | |
| 文莱　Brunei Darsm | | | |
| 印度 India | 44 | | 89 |
| 印度尼西亚 Indonesia | 32 | 20 | 89 |
| 伊朗 Iran | 1556 | 223 | 301 |
| 以色列 Israel | | | |
| 日本 Japan | | | |
| 韩国 Korea, Rep. | | | |
| 马来西亚 Malaysia | 36 | 30 | 66 |
| 缅甸 Myanmar | | | |
| 巴基斯坦 Pakistan | | | |
| 菲律宾 Philippines | | | |
| 泰国 Thailand | | | 49 |
| 越南 Viet Nam | 44 | | 21 |
| 埃及 Egypt | 33 | 20 | 60 |
| 尼日利亚 Nigeria | 370 | 189 | 187 |

注：数据来源于美国能源署。

Note: The data come from the U. S. Energy Information Administration.

| 国家或地区<br>Country or Region | 原油探明储量<br>（亿桶）<br>（2020年）<br>Crude Oil Proved<br>Reserves<br>(100 million Barrels)<br>(2020) | 原油出口量<br>（万桶/天）<br>（2018年）<br>Crude Oil Including<br>Lease<br>Condensate Exports<br>(10000 Barrels Per Day)<br>(2018) | 石油产量<br>（万桶/天）<br>（2020年）<br>Petroleum and Other<br>Liquids Production<br>(10000 Barrels Per Day)<br>(2020) |
|---|---|---|---|
| 南非 South Africa | | | |
| 加拿大 Canada | 1699 | 318 | 523 |
| 墨西哥 Mexico | 58 | 128 | 193 |
| 美国 United States | 471 | 205 | 1861 |
| 阿根廷 Argentina | | | 66 |
| 巴西 Brazil | 134 | 112 | 377 |
| 委内瑞拉 Venezuela | 3028 | 100 | 55 |
| 法国 France | | | |
| 德国 Germany | | | |
| 意大利 Italy | | | |
| 荷兰 Netherlands | | | |
| 波兰 Poland | | | |
| 俄罗斯 Russia | 800 | 520 | 1050 |
| 西班牙 Spain | | | |
| 土耳其 Turkey | | | |
| 乌克兰 Ukraine | | | |
| 英国 United Kingdom | 27 | 82 | 108 |
| 澳大利亚 Australia | | 20 | 49 |
| 新西兰 New Zealand | | | |
| 挪威 Norway | 82 | 124 | 201 |

# 10-12 万美元国内生产总值能耗（2017年不变价，PPP）
## Energy Use per Ten Thousand USD of GDP (Constant 2017 PPP)

单位：吨标准油/万美元            (ton of oil equivalent per 10000 USD)

| 国家或地区<br>Country or Region | 2000 | 2005 | 2010 | 2013 | 2014 | 2015 |
|---|---|---|---|---|---|---|
| 世界 **World** | **1.43** | **1.38** | **1.31** | **1.24** | **1.21** | |
| 中国 China | 2.60 | 2.61 | 2.20 | 1.99 | 1.88 | |
| 中国香港 Hong Kong, China | 0.56 | 0.42 | 0.38 | 0.35 | 0.35 | |
| 孟加拉国 Bangladesh | 0.74 | 0.72 | 0.72 | 0.66 | 0.65 | |
| 文莱 Brunei Darsm | 1.04 | 0.87 | 1.23 | 1.13 | 1.35 | |
| 柬埔寨 Cambodia | 1.89 | 1.22 | 1.36 | 1.24 | 1.24 | |
| 印度 India | 1.62 | 1.39 | 1.33 | 1.26 | 1.24 | |
| 印度尼西亚 Indonesia | 1.29 | 1.19 | 1.06 | 0.91 | 0.90 | |
| 伊朗 Iran | 1.86 | 2.06 | 2.01 | 2.29 | 2.35 | |
| 以色列 Israel | 0.97 | 0.89 | 0.90 | 0.79 | 0.74 | 0.74 |
| 日本 Japan | 1.12 | 1.06 | 1.02 | 0.90 | 0.87 | 0.85 |
| 韩国 Korea, Rep. | 1.74 | 1.52 | 1.47 | 1.41 | 1.39 | 1.39 |
| 马来西亚 Malaysia | 1.32 | 1.41 | 1.27 | 1.30 | 1.26 | |
| 巴基斯坦 Pakistan | 1.39 | 1.29 | 1.21 | 1.14 | 1.10 | |
| 菲律宾 Philippines | 1.15 | 0.89 | 0.73 | 0.68 | 0.68 | |
| 新加坡 Singapore | 0.83 | 0.75 | 0.64 | 0.57 | 0.58 | |
| 斯里兰卡 Sri Lanka | 0.75 | 0.66 | 0.53 | 0.44 | 0.45 | |
| 泰国 Thailand | 1.17 | 1.23 | 1.22 | 1.26 | 1.24 | |
| 越南 Viet Nam | 1.22 | 1.25 | 1.32 | 1.14 | | |
| 埃及 Egypt | 0.76 | 0.97 | 0.85 | 0.82 | 0.80 | |
| 尼日利亚 Nigeria | 2.36 | 1.90 | 1.53 | 1.46 | 1.38 | |
| 南非 South Africa | 2.20 | 2.14 | 2.03 | 1.85 | 1.92 | |
| 加拿大 Canada | 2.22 | 2.00 | 1.74 | 1.66 | 1.66 | 1.61 |
| 墨西哥 Mexico | 0.85 | 0.95 | 0.86 | 0.87 | 0.83 | 0.80 |
| 美国 United States | 1.61 | 1.44 | 1.32 | 1.23 | 1.22 | 1.16 |
| 巴西 Brazil | 0.92 | 0.92 | 0.91 | 0.92 | 0.95 | |
| 法国 France | 1.04 | 1.03 | 0.95 | 0.90 | 0.85 | 0.85 |
| 德国 Germany | 0.95 | 0.93 | 0.85 | 0.79 | 0.74 | 0.75 |
| 意大利 Italy | 0.70 | 0.73 | 0.69 | 0.64 | 0.61 | 0.62 |
| 荷兰 Netherlands | 1.00 | 1.01 | 0.97 | 0.89 | 0.83 | 0.80 |
| 波兰 Poland | 1.43 | 1.27 | 1.10 | 1.00 | 0.93 | 0.90 |
| 俄罗斯 Russia | 2.90 | 2.27 | 2.01 | 1.93 | 1.87 | |
| 西班牙 Spain | 0.86 | 0.86 | 0.73 | 0.71 | 0.69 | 0.69 |
| 土耳其 Turkey | 0.78 | 0.68 | 0.74 | 0.64 | 0.63 | 0.64 |
| 乌克兰 Ukraine | 3.63 | 2.68 | 2.36 | 1.96 | 1.98 | |
| 英国 United Kingdom | 0.97 | 0.86 | 0.77 | 0.69 | 0.63 | 0.61 |
| 澳大利亚 Australia | 1.48 | 1.32 | 1.29 | 1.17 | 1.13 | 1.15 |
| 新西兰 New Zealand | 1.35 | 1.10 | 1.12 | 1.10 | 1.13 | 1.08 |

注：数据来源于世界银行WDI数据库。
Note: The data come from the *World Bank WDI Database.*

# 10-13 主要沿海国家（地区）国际海运装货量和卸货量
## International Maritime Freight Loaded and Unloaded
## in the Major Coastal Countries (Regions)

单位：万吨 (10000 t)

| 国家或地区<br>Country or Region | 国际海运装货量<br>International Ocean Shipping<br>Loading Capacity | | | 国际海运卸货量<br>International Ocean Shipping<br>Unloading Capacity | | |
|---|---|---|---|---|---|---|
| | 2000 | 2010 | 2019 | 2000 | 2010 | 2019 |
| 中国香港 Hong Kong, China | 6770 | 11346 | 9239 | 10693 | 15428 | 17093 |
| 孟加拉国 Bangladesh | 89 | 466 | 710 | 1408 | 3860 | 9920 |
| 文莱 Brunei Darsm | 10 | | 139 | 102 | | 1744 |
| 印度尼西亚 Indonesia | 14153 | | | 4504 | | |
| 伊朗 Iran | 3065 | 5942 | 8155 | 4486 | 7804 | 5639 |
| 以色列 Israel | 1387 | 1927 | | 2920 | 2414 | 1961 |
| 日本 Japan | 13010 | | | 80654 | | |
| 韩国 Korea, Rep. | 15078 | | | 41882 | | |
| 马来西亚 Malaysia | 5483 | 11240 | | 6922 | 13682 | |
| 巴基斯坦 Pakistan | 617 | 1950 | | 3080 | 4870 | |
| 新加坡 Singapore | 32618 | | | | | |
| 斯里兰卡 Sri Lanka | 919 | | | | | |
| 南非 South Africa | 2598 | | | | | |
| 美国 United States | 34334 | | | 83352 | | |
| 阿根廷 Argentina | 1550 | | | | 2374 | |
| 法国 France | 6810 | 10421 | | 20273 | 20746 | |
| 德国 Germany | 8602 | 10230 | | 14725 | 17070 | |
| 荷兰 Netherlands | 9940 | | | 32507 | | |
| 波兰 Poland | 3152 | 3017 | 2989 | 1582 | 2838 | 6190 |
| 俄罗斯 Russia | 828 | 20152 | 10162 | 84 | 2353 | 314 |
| 西班牙 Spain | 5627 | | | 19343 | | |
| 乌克兰 Ukraine | 4271 | 8371 | | 684 | 1744 | |
| 澳大利亚 Australia | 48750 | 88736 | 151106 | 5418 | 8896 | 9817 |
| 新西兰 New Zealand | 2214 | 3040 | 4358 | 1379 | 1798 | 2458 |

注：数据来源于联合国统计月报数据库。

Note: The data come from the *UN Monthly Bulletin of Statistics Database*.

# 10-14 世界主要外贸货物海运量及构成（2018年）
# World Major Maritime Freight Traffic in Foreign Trade (2018)

| 品　种<br>Sort | 海运量<br>（百万吨）<br>Freight Traffic<br>(million tons) | |
| --- | --- | --- |
| | 2018 | 所占比例<br>（%）<br>Percentage |
| 合　计<br>**Total** | **11892** | **100.0** |
| 原　油<br>Crude Oil | 2038 | 17.1 |
| 成品油<br>Refined Oil | 1079 | 9.1 |
| 燃　气<br>Fuel gas | 418 | 3.5 |
| 铁矿石<br>Ironstone | 1470 | 12.4 |
| 煤　炭<br>Coal | 1240 | 10.4 |
| 谷　物<br>Corn | 486 | 4.1 |
| 其他货物<br>Others | 5161 | 43.4 |

注：数据为估计数；
　　数据来源于《航运统计与市场评论》，2019年1月/2月，航运经济与物流研究所。
Note: The data are estimated data.
　　The data come from the *Shipping Statistics and Market Review* , January/Feburary 2019, ISL.

# 10-15 主要沿海国家（地区）国际旅游人数
## Number of International Tourists of
## Major Coastal Countries (Regions)

单位：万人 （10000 persons）

| 国家或地区<br>Country or Region | 入境（过夜）旅游人数<br>Number of Inbound Tourists<br>(Overnight) | | | 出境旅游人数<br>Number of Outbound Tourists | | |
|---|---|---|---|---|---|---|
| | 2000 | 2010 | 2018 | 2000 | 2010 | 2018 |
| 世界总计 **World Total** | **126241** | **166762** | **228013** | **107944** | **141635** | **197913** |
| 中国 China | 8344 | 13376 | 16254 | 1047 | 5739 | 15463 |
| 中国香港 Hong Kong, China | 1306 | 3603 | 5591 | 5890 | 8444 | 9472 |
| 中国澳门 Macao, China | 916 | 2497 | 3941 | | 75 | 177 |
| 孟加拉国 Bangladesh | 20 | 14 | 32 | 113 | 191 | |
| 文莱 Brunei Darsm | | 21 | 33 | | | |
| 柬埔寨 Cambodia | 47 | 251 | 661 | 4 | 51 | 204 |
| 印度 India | 265 | 578 | 1791 | 442 | 1299 | 2692 |
| 印度尼西亚 Indonesia | 506 | 700 | 1611 | 221 | 624 | 1169 |
| 伊朗 Iran | 134 | 294 | 911 | | | |
| 以色列 Israel | 267 | 344 | 491 | 353 | 427 | 918 |
| 日本 Japan | 476 | 861 | 3188 | 1782 | 1664 | 2008 |
| 韩国 Korea, Rep. | 532 | 880 | 1750 | 551 | 1249 | 2871 |
| 马来西亚 Malaysia | 1022 | 2458 | 2610 | 3053 | | |
| 缅甸 Myanmar | 42 | 79 | 436 | | | |
| 巴基斯坦 Pakistan | 56 | 91 | | | | |
| 菲律宾 Philippines | 199 | 352 | 826 | 167 | | |
| 新加坡 Singapore | 769 | 1164 | 1912 | 444 | 734 | 1071 |
| 斯里兰卡 Sri Lanka | 45 | 77 | 203 | 52 | 112 | 144 |

注：数据来源于世界银行WDI数据库。

Note: The data come from the *WDI Database of World Bank*.

| 国家或地区<br>Country or Region | 入境（过夜）旅游人数<br>Number of Inbound Tourists<br>(Overnight) | | | 出境旅游人数<br>Number of Outbound Tourists | | |
|---|---|---|---|---|---|---|
| | 2000 | 2010 | 2018 | 2000 | 2010 | 2018 |
| 泰国　Thailand | 958 | 1594 | 3992 | 191 | 545 | 1045 |
| 越南　Viet Nam | 214 | 505 | 1801 | | | |
| 埃及　Egypt | 551 | 1473 | 1303 | | 462 | |
| 尼日利亚　Nigeria | 149 | 611 | | | | |
| 南非　South Africa | 600 | 1130 | 1480 | | | |
| 加拿大　Canada | 4864 | 2562 | 3243 | | 5362 | 3785 |
| 墨西哥　Mexico | 10567 | 8195 | 9741 | 12727 | 9166 | 8275 |
| 美国　United States | 7834 | 16228 | 16601 | 8797 | 12157 | |
| 阿根廷　Argentina | 291 | 680 | 740 | | 608 | 1535 |
| 巴西　Brazil | 531 | 516 | 635 | 323 | 646 | |
| 委内瑞拉　Venezuela | 60 | 54 | | 95 | 148 | |
| 法国　France | | 18983 | | | 2997 | 4928 |
| 德国　Germany | 1898 | 2688 | 3956 | 8051 | 8587 | |
| 意大利　Italy | 6270 | 7323 | 9540 | 4463 | 5530 | 6221 |
| 荷兰　Netherlands | 1000 | 1088 | 2013 | 1390 | 1837 | |
| 波兰　Poland | 8452 | 5834 | 8852 | 5668 | 4276 | 5060 |
| 俄罗斯　Russia | 2117 | 2228 | 2442 | 1837 | 3932 | 4533 |
| 西班牙　Spain | 7458 | 9374 | 12617 | | 1425 | 2282 |
| 土耳其　Turkey | 1043 | 3300 | 5175 | 528 | 656 | 965 |
| 乌克兰　Ukraine | 1169 | 2411 | 1371 | | 1774 | 2935 |
| 英国　United Kingdom | 2521 | 3040 | 4086 | 5684 | 6465 | 9309 |
| 澳大利亚　Australia | 493 | 579 | 947 | 350 | 710 | 1162 |
| 新西兰　New Zealand | 179 | 253 | 389 | 128 | 203 | 323 |

# 10-16 主要沿海国家（地区）国际旅游收入
## International Tourism Receipts of Major Coastal Countries (Regions)

单位：亿美元 (100 million USD)

| 国家或地区<br>Country or Region | 国际旅游支出<br>International Tourism Expenditures | | | 国际旅游收入<br>International Tourism Receipts | | |
|---|---|---|---|---|---|---|
| | 2000 | 2010 | 2019 | 2000 | 2010 | 2019 |
| 世界总计 **World Total** | **5775** | **10795** | **15496** | **5816** | **11380** | **18152** |
| 中国 China | 142 | | | 173 | | |
| 中国香港 Hong Kong, China | 125 | 174 | | 82 | 272 | 327 |
| 中国澳门 Macao, China | | 9 | 15 | 32 | 227 | 397 |
| 孟加拉国 Bangladesh | 5 | 8 | 14 | | 1 | 4 |
| 柬埔寨 Cambodia | 1 | 1 | 12 | 3 | 17 | 53 |
| 印度 India | 37 | | 286 | 36 | | 317 |
| 印度尼西亚 Indonesia | | 84 | 145 | | 76 | 184 |
| 伊朗 Iran | 7 | 106 | | 7 | 26 | |
| 以色列 Israel | 37 | 47 | 104 | 46 | 56 | 84 |
| 日本 Japan | 426 | 393 | 292 | 60 | 154 | 492 |
| 韩国 Korea, Rep. | 79 | 208 | 348 | 85 | 143 | 262 |
| 马来西亚 Malaysia | 25 | 93 | 137 | 59 | 196 | 222 |
| 缅甸 Myanmar | 0 | | 2 | 2 | 1 | 25 |
| 巴基斯坦 Pakistan | 6 | 14 | 30 | 6 | 10 | 10 |
| 菲律宾 Philippines | 18 | 60 | 129 | 23 | 34 | 115 |
| 新加坡 Singapore | 45 | 187 | 0 | 51 | 142 | |
| 斯里兰卡 Sri Lanka | 4 | 8 | 24 | 4 | 10 | 47 |

注：数据来源于世界银行WDI数据库。

Note: The data come from the *World Bank WDI Database.*

10-16 续表  continued

| 国家或地区<br>Country or Region | 国际旅游支出<br>International Tourism Expenditures | | | 国际旅游收入<br>International Tourism Receipts | | |
|---|---|---|---|---|---|---|
| | 2000 | 2010 | 2019 | 2000 | 2010 | 2019 |
| 泰国  Thailand | 32 | 72 | 169 | 99 | 238 | 651 |
| 越南  Viet Nam | | 15 | 62 | | 45 | 118 |
| 埃及  Egypt | 12 | 27 | 37 | 47 | 136 | 143 |
| 尼日利亚  Nigeria | 6 | 83 | 164 | 2 | 7 | 15 |
| 南非 South Africa | 27 | 81 | 59 | 33 | 103 | 91 |
| 加拿大  Canada | 151 | 372 | | 130 | 184 | |
| 墨西哥  Mexico | 64 | 90 | 123 | 91 | 126 | 259 |
| 美国 United States | 855 | 1238 | 1824 | 1183 | 1618 | 2335 |
| 阿根廷  Argentina | 55 | 64 | 98 | 32 | 56 | 57 |
| 巴西  Brazil | 45 | 189 | 212 | 20 | 55 | 61 |
| 委内瑞拉 Venezuela | 16 | 29 | | 5 | 9 | |
| 法国  France | 290 | 467 | 607 | 387 | 562 | 710 |
| 德国  Germany | 576 | 909 | 999 | 249 | 491 | 582 |
| 意大利  Italy | 182 | | 379 | 287 | | 519 |
| 荷兰  Netherlands | 136 | | | 113 | | |
| 波兰  Poland | 34 | 89 | 102 | 61 | 99 | 157 |
| 俄罗斯  Russia | | 302 | 406 | | 132 | 177 |
| 西班牙 Spain | | | | | | |
| 土耳其  Turkey | | 58 | 49 | | 263 | 424 |
| 乌克兰  Ukraine | 6 | 41 | 89 | 6 | 47 | 26 |
| 英国  United Kingdom | | | | | | |
| 澳大利亚  Australia | 91 | 279 | 414 | 116 | 311 | 480 |
| 新西兰 New Zealand | 12 | 30 | | 23 | 65 | |

# 10-17 集装箱吞吐量居世界前20位的港口（2019年）
## World Top 20 Seaports in Terms of the Number of Containers Handled (2019)

单位：万标准箱 (10000 TEU)

| 港　口<br>Seaport | 所属国家或地区<br>Country or Region | 吞吐量<br>Containers Handled |
|---|---|---|
| 上海 Shanghai | 中国 China | 4332 |
| 新加坡 Singapore | 新加坡 Singapore | 3720 |
| 宁波舟山 Ningbo Zhoushan | 中国 China | 2753 |
| 深圳 Shenzhen | 中国 China | 2577 |
| 广州 Guangzhou | 中国 China | 2283 |
| 釜山 Pusan | 韩国 Korea, Rep. | 2199 |
| 青岛 Qingdao | 中国 China | 2101 |
| 香港 Hong Kong | 中国 China | 1836 |
| 天津 Tianjin | 中国 China | 1730 |
| 鹿特丹 Rotterdam | 荷兰 Netherlands | 1481 |
| 迪拜 Dubayy | 阿联酋 United Arab Em | 1411 |
| 巴生 Kelang | 马来西亚 Malaysia | 1358 |
| 安特卫普 Antwerp | 比利时 Belgium | 1186 |
| 厦门 Xiamen | 中国 China | 1112 |
| 高雄 Gaoxiong | 中国台湾 Taiwan, China | 1043 |
| 洛杉矶 Los Angeles | 美国 United States | 934 |
| 汉堡 Hamburg | 德国 Germany | 927 |
| 丹戎帕拉帕斯 Tanjung Periuk | 马来西亚 Malaysia | 908 |
| 大连 Dalian | 中国 China | 876 |
| 林查班 Lin Chaban | 泰国 Thailand | 798 |

注：数据来源于上海航运交易所。

Note: The data come from Shanghai Shipping Exchange.

# 10-18 港口货物吞吐量居世界前20位的港口（2019年）
# World Top 20 Seaports in Terms of the Cargo Handled (2019)

单位：百万吨 (million t)

| 港　口<br>Seaport | 所属国家或地区<br>Country or Region | 吞吐量<br>Cargo Handled |
|---|---|---|
| 宁波舟山 Ningbo Zhoushan | 中国 China | 1120.1 |
| 上海 Shanghai | 中国 China | 716.8 |
| 唐山 Tangshan | 中国 China | 656.7 |
| 新加坡 Singapore | 新加坡 Singapore | 626.5 |
| 广州 Guangzhou | 中国 China | 606.2 |
| 青岛 Qingdao | 中国 China | 577.4 |
| 苏州 Suzhou | 中国 China | 522.8 |
| 黑德兰 Headland Harbour | 澳大利亚 Australia | 521.9 |
| 天津 Tianjin | 中国 China | 492.2 |
| 鹿特丹 Rotterdam | 荷兰 Netherlands | 469.4 |
| 釜山 Pusan | 韩国 Korea, Rep. | 467.1 |
| 日照 Rizhao | 中国 China | 463.8 |
| 烟台 Yantai | 中国 China | 386.3 |
| 大连 Dalian | 中国 China | 366.4 |
| 南通 Nantong | 中国 China | 336.2 |
| 镇江 Zhenjiang | 中国 China | 329.2 |
| 黄骅 Huanghua | 中国 China | 287.6 |
| 泰州 Taizhou | 中国 China | 282.4 |
| 光阳 Gwangyang | 韩国 Korea, Rep. | 276.0 |
| 南路易斯安娜 Southern Louisiana | 美国 United States | 258.7 |

注：数据为内外贸货物；
　　数据来源于上海航运交易所。

Note: The data refer to the domestic and foreign trade cargo.
　　　The data come from Shanghai Shipping Exchange.

## 10-19 海上商船拥有量居世界前20位的国家或地区（2018年）
## World Top 20 Countries or Regions in Terms of the Number of Maritime Merchant Ships Owned (2018)

| 国家或地区<br>Country or Region | 艘数<br>（艘）<br>Number of<br>Vessels<br>(unit) | 总吨<br>Gross Ton<br>（万吨）<br>(10000 tons) | 载重吨 Deadweight Ton | |
| --- | --- | --- | --- | --- |
| | | | 万吨<br>10000 tons | 占世界%<br>Percentage<br>in the World |
| 世界总计 **World Total** | **53732** | **1261907** | **1881589** | **100.0** |
| 巴拿马 Panama | 6398 | 211917 | 323031 | 17.2 |
| 马绍尔群岛 Marshall Islands | 3255 | 146245 | 237316 | 12.6 |
| 利比里亚 Liberia | 3332 | 149541 | 236874 | 12.6 |
| 中国香港 Hong Kong, China | 2544 | 124263 | 197725 | 10.5 |
| 新加坡 Singapore | 2326 | 84497 | 126533 | 6.7 |
| 马耳他 Malta | 1998 | 73890 | 109635 | 5.8 |
| 中国 China | 3414 | 55194 | 86121 | 4.6 |
| 希腊 Greece | 913 | 39573 | 69099 | 3.7 |
| 巴哈马 Bahamas | 1146 | 54383 | 65727 | 3.5 |
| 英国 United Kingdom | 735 | 30755 | 42844 | 2.3 |
| 日本 Japan | 2552 | 27083 | 38385 | 2.0 |
| 塞浦路斯 Cyprus | 839 | 21801 | 33774 | 1.8 |
| 丹麦 Denmark | 504 | 20310 | 22436 | 1.2 |
| 印度尼西亚 Indonesia | 3267 | 14689 | 20564 | 1.1 |
| 葡萄牙 Portugal | 517 | 14667 | 19620 | 1.0 |
| 挪威 Norway | 807 | 15099 | 18961 | 1.0 |
| 印度 India | 883 | 9746 | 16571 | 0.9 |
| 沙特阿拉伯 Saudi Arabia | 125 | 7334 | 13054 | 0.7 |
| 意大利 Italy | 673 | 14541 | 12904 | 0.7 |
| 韩国 Korea, Rep. | 1021 | 8763 | 12439 | 0.7 |

注：按船旗统计，统计范围为300总吨及以上船舶，统计截止日期为2019年1月1日；
  数据来源于《航运统计与市场评论》，2019年1月/2月，航运经济与物流研究所。

Note: According to the flag of the ship, the statistical range covers 300 tons ships and above.
  The closing date of statistics was 1 Jan., 2019.
  The data come from the *Shipping Statistics and Market Review*, January/February 2019, ISL.

# 10-20 集装箱船拥有量居世界前20位的国家或地区（2018年）
## World Top 20 Countries or Regions in Terms of the Number of Container Ships Owned (2018)

| 国家或地区<br>Country or Region | 艘数<br>（艘）<br>Number of Vessels<br>(unit) | 载重吨 Deadweight ton | |
|---|---|---|---|
| | | 万标准箱<br>10000 TEU | 占世界%<br>Percentage<br>in the World |
| 世界总计 **World Total** | **5255** | **2199.1** | **100.0** |
| 利比里亚 Liberia | 858 | 376.2 | 17.1 |
| 中国香港 Hong Kong, China | 539 | 328.4 | 14.9 |
| 巴拿马 Panama | 610 | 311.8 | 14.2 |
| 新加坡 Singapore | 493 | 224.4 | 10.2 |
| 马耳他 Malta | 267 | 151.4 | 6.9 |
| 丹麦 Denmark | 155 | 148.6 | 6.8 |
| 马绍尔群岛 Marshall Islands | 257 | 120.7 | 5.5 |
| 葡萄牙 Portugal | 249 | 87.3 | 4.0 |
| 英国 United Kingdom | 108 | 77.4 | 3.5 |
| 中国 China | 256 | 70.3 | 3.2 |
| 德国 Germany | 87 | 58.7 | 2.7 |
| 塞浦路斯 Cyprus | 190 | 39.0 | 1.8 |
| 美国 United States | 60 | 21.9 | 1.0 |
| 法国 France | 25 | 21.7 | 1.0 |
| 安提瓜和巴布达 Antigua and Papua | 152 | 17.7 | 0.8 |
| 印度尼西亚 Indonesia | 216 | 16.4 | 0.7 |
| 中国台湾 Taiwan, China | 46 | 15.9 | 0.7 |
| 日本 Japan | 35 | 15.1 | 0.7 |
| 韩国 Korea, Rep. | 86 | 10.4 | 0.5 |
| 巴哈马 Bahamas | 49 | 9.7 | 0.4 |

注：按船旗统计，统计范围为300总吨及以上船舶，统计截止日期为2019年1月1日；
数据来源于《航运统计与市场评论》，2019年1月/2月，航运经济与物流研究所。

Note: According to the flag of the ship, the statistical range of 300 tons and above ships. The closing date of statistics was 1 Jan., 2019.

The data come from the *Shipping Statistics and Market Review* , January/February 2019, ISL.

# 10-21 海上油轮拥有量居世界前20位的国家或地区（2018年）
## Top 20 Countries or Regions in the World by the Possession of Ocean Going Oil Tankers (2018)

| 国家或地区<br>Country or Region | 艘数<br>（艘）<br>Number of<br>Vessels<br>(unit) | 总吨<br>Gross Ton<br>（千吨）<br>(1000 tons) | 载重吨 Deadweight ton | |
|---|---|---|---|---|
| | | | 千吨<br>1000 tons | 占世界%<br>Percentage<br>in the World |
| 世界总计 **World Total** | **15158** | **418129** | **680185** | **100.0** |
| 马绍尔群岛 Marshall Islands | 1325 | 64993 | 104582 | 15.4 |
| 利比里亚 Liberia | 1063 | 51079 | 88978 | 13.1 |
| 巴拿马 Panama | 1489 | 48611 | 80510 | 11.8 |
| 中国香港 Hong Kong, China | 548 | 28453 | 49171 | 7.2 |
| 希腊 Greece | 422 | 26772 | 47418 | 7.0 |
| 新加坡 Singapore | 1032 | 26916 | 44170 | 6.5 |
| 马耳他 Malta | 729 | 24868 | 41870 | 6.2 |
| 巴哈马 Bahamas | 402 | 28251 | 41246 | 6.1 |
| 英国 United Kingdom | 258 | 9552 | 14717 | 2.2 |
| 中国 China | 815 | 8807 | 14577 | 2.1 |
| 日本 Japan | 824 | 8875 | 13076 | 1.9 |
| 沙特阿拉伯 Saudi Arabia | 89 | 6679 | 12430 | 1.8 |
| 挪威 Norway | 223 | 7905 | 11972 | 1.8 |
| 印度 India | 156 | 5773 | 10079 | 1.5 |
| 印度尼西亚 Indonesia | 739 | 5793 | 8989 | 1.3 |
| 比利时 Belgium | 54 | 4340 | 7116 | 1.0 |
| 百慕大 Bermuda | 94 | 7095 | 6822 | 1.0 |
| 意大利 Italy | 218 | 3504 | 5743 | 0.8 |
| 马来西亚 Malaysia | 198 | 4590 | 5446 | 0.8 |
| 丹麦 Denmark | 173 | 3395 | 5180 | 0.8 |

注：按船旗统计，统计截止日期为2019年1月1日；

数据来源于按所有权模式计算的油轮船只总数，《航运统计与市场评论》，2019年1月/2月，航运经济与物流研究所。

Note: According to the flag of the ship, the closing date of statistics was 1 Jan., 2019.

The data come from the total tanker fleet calculated by ownership patterns, *SSMR* , January/February 2019, ISL.

# 10-22 海上散货船拥有量居世界前20位的国家或地区（2018年）
## Top 20 Countries or Regions in the World by the Possession of Ocean Bulk Carriers (2018)

| 国家或地区<br>Country or Region | 艘数<br>（艘）<br>Number of<br>Vessels<br>(unit) | 总吨<br><br>（千吨）<br>(1000 tons) | 载重吨 Deadweight ton | |
|---|---|---|---|---|
| | | | 千吨<br>1000 tons | 占世界%<br>Percentage<br>in the World |
| 世界总计 **World Total** | **11562** | **447144** | **813197** | **100.0** |
| 巴拿马 Panama | 2387 | 100358 | 182764 | 22.5 |
| 马绍尔群岛 Marshall Islands | 1443 | 61771 | 112546 | 13.8 |
| 中国香港 Hong Kong, China | 1078 | 56475 | 104266 | 12.8 |
| 利比里亚 Liberia | 1116 | 52655 | 96831 | 11.9 |
| 中国 China | 1228 | 32047 | 55210 | 6.8 |
| 新加坡 Singapore | 550 | 27266 | 50308 | 6.2 |
| 马耳他 Malta | 601 | 25063 | 45535 | 5.6 |
| 塞浦路斯 Cyprus | 299 | 12443 | 22821 | 2.8 |
| 希腊 Greece | 189 | 10991 | 20731 | 2.5 |
| 日本 Japan | 442 | 10997 | 20389 | 2.5 |
| 英国 United Kingdom | 126 | 8952 | 16981 | 2.1 |
| 巴哈马 Bahamas | 261 | 9350 | 16505 | 2.0 |
| 韩国 Korea, Rep. | 126 | 3563 | 6602 | 0.8 |
| 葡萄牙 Portugal | 56 | 2886 | 5284 | 0.6 |
| 印度尼西亚 Indonesia | 263 | 2940 | 4999 | 0.6 |
| 印度 India | 98 | 2547 | 4600 | 0.6 |
| 意大利 Italy | 44 | 2074 | 3852 | 0.5 |
| 挪威 Norway | 67 | 2299 | 4025 | 0.5 |
| 中国台湾 Taiwan, China | 38 | 1607 | 3023 | 0.4 |
| 比利时 Belgium | 19 | 1511 | 2885 | 0.4 |

注：按船旗统计，统计截止日期为2019年1月1日；
　　数据来源于按所有权模式计算的油轮船只总数，《航运统计与市场评论》，2019年1月/2月，航运经济与
　　物流研究所。

Note: According to the flag of the ship, the closing date of statistics was 1 Jan., 2019.

　　The data come from the total tanker fleet calculated by ownership patterns, *SSMR* , January/February 2019, ISL.